Peter W. Atkins

Schöpfung ohne Schöpfer

Was war vor dem Urknall?

Deutsch von Hainer Kober

Fachliche Beratung:
Dr. Bernd Matraka,
Astrophysiker in Hamburg

rororo
Rowohlt

9.–11. Tausend Januar 1989

Veröffentlicht im Rowohlt Taschenbuch Verlag GmbH,
Reinbek bei Hamburg, September 1987

Umschlagentwurf Manfred Waller (Foto: DESY)
Die Originalausgabe erschien 1981 unter dem Titel
«The Creation» bei Freeman & Company Limited, Oxford
Gesamtherstellung Clausen & Bosse, Leck
Printed in Germany
880-ISBN 3 499 18391 9

Inhalt

Die Natur ist nämlich einfach und schwelgt
nicht in überflüssigen Ursachen der Dinge.

Isaac Newton
Mathematische Principien der Naturlehre

Vorwort

‹*Schöpfung ohne Schöpfer*› ist eine Auseinandersetzung mit Beschaffenheit und Ursprung des Universums, aber es ist nicht einfach noch ein Buch über Astronomie oder Elementarteilchen. Es gibt zentrale Aspekte des Universums – so seine Entstehung, das Wesen der Zeit und das Bewußtsein –, die heute wissenschaftlicher Erhellung zugänglich sind. Sie rücke ich in den Mittelpunkt der Betrachtung, schließlich verdienen sie unser größtes Interesse. Hingegen vermeide ich Einzelheiten – der Leser kann sie in vielen anderen Büchern finden – und begnüge mich damit, die Erklärungsmuster und Trends, die sich in der modernen naturwissenschaftlichen Forschung herausgebildet haben, in großen Zügen darzulegen.

Ich gehe davon aus, daß es nichts gibt, was sich nicht erklären läßt, und daß wir den richtigen Weg zum Verständnis einschlagen, wenn wir die Erscheinungen abschälen, um den Kern freizulegen. Dieser Kern ist stets von unübertroffener Einfachheit. Wir werden uns auf einen Weg begeben, der uns zu sehr einfachen Fragen führt, und wir werden dabei feststellen, daß sie sehr einfach zu beantworten sind. Ich möchte zeigen, daß sich durchaus vernünftig über Dinge nachdenken läßt, die nach Meinung vieler jenseits aller Erklärungsmöglichkeiten liegen, etwa die Prozesse, die an der Erschaffung des Universums und der Entstehung des Bewußtseins beteiligt waren.

Da ich große Wissensgebiete rasch überfliege und manchmal mit einer Redewendung von den Atomen zur Willensfreiheit springe, mag gelegentlich der Eindruck entstehen, ich sei dem Mystizismus verfallen. Das ist jedoch ganz und gar nicht der Fall. Ich springe, weil ich Ihnen klarmachen möchte, daß die Auswirkung einer einfachen Tatsache komplexes Verhalten sein kann, und weil ich in Ihnen die Überzeugung wecken möchte, daß alles (aber auch wirklich alles) zum Gegenstand rationaler Betrachtung gemacht werden kann. Dies ist ein Versuch in extremem Reduktionismus und offensivem Rationalismus: man lasse sich nicht von der Weite der Sprünge zu dem Schluß verleiten, sie seien unkontrolliert.

Ich möchte nachweisen, daß das Universum ohne Eingriff von außen entstehen konnte und daß keine *Notwendigkeit* besteht, auf die Vorstellung eines höchsten Wesens zurückzugreifen. Mir ist klar, daß sich wahrscheinlich niemand, der in irgendeinem Sinne religiös ist, durch Argumente wie die meinen von seiner Überzeugung abbringen lassen wird. Trotzdem hoffe ich, daß auch er sich zumindest von den außergewöhnlichen Möglichkeiten der Wissenschaft überzeugen lassen und einsehen wird, daß sie kurz davor ist, alles zu erklären – wenn wir von der Frage nach einem «Zweck» der Welt absehen (was wir, wie ich meine, tun sollten).

Ich würde es begrüßen, wenn zunächst – mit Ausnahme der «Orientierung», mit der die ersten fünf Kapitel jeweils enden – nur die rechten Seiten des Buches gelesen würden. Die Erläuterungen auf den linken Seiten sollen Unklarheiten beseitigen (dort, wo ich es vermag, was immer seltener gelingt, je weiter ich in meinen Überlegungen vordringe), und sie sollen auf die Quellen verweisen, aus denen ich meine Gedanken schöpfe. Ich habe versucht, mich auf möglichst leicht verständliche Quellen zu beziehen, und habe auf gelehrte Monographien nur zurückgegriffen, wenn mich der *Scientific American* im Stich gelassen hat.

Das Buch ist aus einer Vorlesung am Harvey Mudd College in Claremont, Kalifornien, hervorgegangen. Es hat zahlreiche Fassungen durchlaufen und sehr gewonnen durch den Rat und die Kritik von John Polkinghorne, Martin Rees, Michael Rowan-Robinson und John Wheeler (von allen habe ich mir Gedanken zu eigen gemacht, was nicht bedeutet, daß sie mit allen meinen Auffassungen übereinstimmen). Das Auf und Ab des Manuskripts wurde von meinem Lektor Michael Rodgers beaufsichtigt, dem Manuskript und Verfasser, wie stets, viel verdanken.

Lincoln College, Oxford 1981 P. W. A.

Offensichtliche Dinge

Ich habe die meisten der in diesem Buch ausgeführten Gedanken von anderen übernommen. Mit diesen Anmerkungen möchte ich meine Bewunderung für ihren Ideenreichtum zum Ausdruck bringen (und zugleich einen Hintergrund liefern für die Gedankensprünge, Spekulationen und manchmal auch Übertreibungen, die das «Rückgrat» meiner Darlegungen bilden).

Eine interessante Einführung in die Entstehung biologischer Formen aus dem Urschlamm bietet eine der Evolution gewidmete Nummer des *Scientific American*.[1] Die Entwicklung frühester Lebewesen zu Organismen, die ich sehr ungefähr als Elefanten (und Menschen) bezeichne, wird am prägnantesten von Richard Dawkins beschrieben.[2] Er vertritt die Auffassung, daß biologische Systeme in erster Linie den Zweck haben, für das Überleben und die stetige Evolution des Gens zu sorgen, das in jeder Zelle vorhandene Bündel kodierter Informationen.

Wir müssen zwischen Unstrittigkeit und Unvorhersagbarkeit unterscheiden – einige Aspekte der Welt sind so außerordentlich komplex, daß sie wissenschaftlicher Vorhersage vielleicht niemals zugänglich sein werden. Denken wir beispielsweise an die Möglichkeit, aus der genauen Kenntnis der DNS-Struktur eines Menschen seine Persönlichkeitsmerkmale vorherzusagen. Trotzdem bleibt die *potentielle* Vorhersagbarkeit selbst solcher komplexen Eigenschaften bestehen, weil ihre materielle Grundlage in großen Zügen bekannt ist und weil wir unser Wissen darüber noch erweitern werden.

Ich werde mit Ihnen eine Reise unternehmen. Es ist eine Reise, bei der es vieles zu entdecken und zu erkennen gibt. Sie wird uns an die Grenzen von Raum, Zeit und Verstand führen. Dort angekommen, werde ich zeigen, daß es nichts gibt, was sich nicht verstehen läßt, nichts, was sich nicht erklären läßt, und daß alles im Grunde genommen außerordentlich einfach ist.

Ein Großteil des Universums bedarf keiner Erklärung. Elefanten zum Beispiel. Sobald Moleküle gelernt haben, miteinander in Wettbewerb zu treten und andere Moleküle nach ihrem Bilde zu erschaffen, werden nach einiger Zeit Elefanten und Dinge, die ihnen ähneln, durch die Lande ziehen. Die Einzelheiten der an der Evolution beteiligten Prozesse sind faszinierend, aber ohne Bedeutung: Im Wettbewerb befindliche, zur Reproduktion fähige Moleküle werden sich, läßt man ihnen genügend Zeit, unvermeidlich in einem Evolutionsprozeß entwikkeln.

Einige der den Elefanten ähnelnden Dinge werden Menschen sein. Sie sind gleichfalls ohne Bedeutung. Es ist unstrittig (aber nicht unbedingt vorhersagbar), daß Moleküle, sobald ihnen die Reproduktionsfähigkeit in den Schoß gefallen ist, sich da oder dort (hier, wie der Zufall will) zu Verbänden zusammenschließen, die Gestalt und Funktion der Menschen haben, und daß auch diese Menschen eines Tages durch die Lande ziehen. Ihre besondere, aber nicht entscheidende Funktion ist die Fähigkeit, sich über Beschaffenheit, Inhalt, Struktur und Ursprung des Universums Gedanken zu machen und – als Nebenprodukt – mitteilbare Phantasiegebilde zu ersinnen und Gefallen an ihnen zu finden.

Auch Moleküle, die zu Wettbewerb, Überleben und Reproduktion gerüstet sind, entbehren jeder Bedeutung. Kein Zweifel: Wenn für die richtige Mischung der Ingredienzen, für ein dauerhaftes, warmes Milieu und für genügend Zeit gesorgt ist, können sie entstehen.

Kleine Moleküle werden zu größeren, indem sie noch kleinere fressen, obwohl nicht immer klar ist, wer frißt und wer

Ich werde unten ausführlicher auf chemische Reaktionen eingehen. Die Reaktion in Lösung ist sehr viel differenzierter als in Gas, so wie der Gartenbau sehr viel differenziertere Produkte liefert als Verkehrsunfälle. In Lösung ist das Geschehen komplexer, weil die Reaktionsmöglichkeiten vielfältiger sind – so genügt die Veränderung zweier Bindungen in einem Molekül, das aus Tausenden aufgebaut ist.[3,4]

gefressen wird. Kleine Moleküle fressen kleinere, indem sie mit diesen zusammenprallen, und das Ergebnis solcher Kollisionen ist manchmal ein größeres Molekül – wenn mehr Atome sich zusammenschließen – oder ein anderes Molekül, in dem ein Atom des ursprünglichen Moleküls durch eine Atomgruppe ersetzt worden ist. Manchmal bleibt ein fast vollständiges Molekül in die Atomstruktur des ursprünglichen Moleküls eingebunden, wie eine Fliege in ein Spinnennetz. Wer aus solchen Mahlzeiten als Gewinner hervorgeht, kann sich zu neuen Mahlzeiten aufmachen, und die erfolgreichen Fresser entwikkeln immer ausgeklügeltere Freßmethoden. Nach einiger Zeit werden die Methoden so ausgeklügelt, daß sich besonders erfolgreiche Fresser weniger erfolgreiche in Herden halten und das bloße Verschlingen philosophischen und wirtschaftlichen Erwägungen untergeordnet wird.

Sogar kleine, unausgebildete, primitive Moleküle sind ohne Bedeutung. Kein Zweifel, daß sie zustande kommen können, wenn die geeigneten Atome zur Verfügung stehen, denn kleine Moleküle sind einfach ein paar Atome, die sich verbunden haben – und Atome verbinden sich nun einmal. Wenn es Atome gibt, gibt es nach einer Weile auch Moleküle. Und wenn es in warmen, feuchten Umwelten Moleküle gibt, gibt es nach einer Weile auch Elefanten.

Sicherlich ist Ihnen inzwischen klargeworden, worauf ich hinaus will. Stellen Sie sich vor, Sie sollten ein Universum planen. Wenn Sie allmächtig wären, könnten Sie einen detaillierten Plan für alle Geschöpfe – ob groß oder klein – ausarbeiten. In Ihren Entwurf unseres gegenwärtigen Universums würden Sie den genauen Plan für einen Elefanten einbringen. Aber wie sich herausgestellt hat, sind Elefanten unvermeidlich, wenn es Moleküle gibt, die zu Wettbewerb und Reproduktion fähig sind und die die Entstehung und Entwicklung der Umwelt auf diesem Planeten durchleben. Wenn Sie nicht unter Zeitdruck stünden, könnten Sie es sich also bequemer machen: Sie könnten eine Anzahl einander bekämpfender Moleküle entwerfen, sie zusammenbringen, sich zurücklehnen und abwarten. Nach einiger Zeit wären ihre Nachkommen Elefanten – und Menschen.

Doch komplexe Moleküle gehen aus einfacheren hervor, die

Über die Bildung der Elemente – die Kernsynthese – kann sich der interessierte Leser einführend in der ‹*Cambridge Encyclopaedia of Astronomy*› informieren.[5] Im wesentlichen geht es darum, daß am Anfang eine Explosion stand, der «Urknall», in dem der Wasserstoff und das Helium synthetisiert wurden. Schwerere Elemente wurden (und werden) im sehr heißen Inneren der Sterne erzeugt und dann durch die Explosionen, die sich in den verschiedenen Lebensphasen eines Sterns ereignen, über das ganze Universum verstreut.

Noch hat niemand eine endgültige Lösung für das Problem der Kosmogonie (der Entstehung des Universums) gefunden. Deshalb muß ich den Leser warnend darauf hinweisen, daß meine Ausführungen zunehmend in den Bereich der Spekulation geraten werden. Während es ziemlich leicht ist, Gedanken, die in irgendeiner Weise als bewiesen gelten, in klare Worte zu fassen, ist es schwierig, Vorstellungen, die noch nicht exakt formuliert worden sind, in einfacher Form darzustellen.

Daraus ergeben sich zwei Konsequenzen für dieses Buch. Erstens: Spekulationen und Fakten werden unablässig miteinander verwoben werden. Ich werde versuchen, deutlich zu machen, womit wir es jeweils zu tun haben. Zweitens: Am Schluß (spätestens dort) wird sich fast mit Sicherheit ein gewisses Gefühl der Enttäuschung einstellen. Das rührt daher, daß wir noch nicht die ganze Wahrheit über die Kosmogonie kennen und daß deshalb in meinem Erklärungsmodell zwangsläufig die eine oder andere Einzelheit ausgespart bleiben muß. Deshalb sollte an keiner Stelle die Absicht dieses Versuchs in Vergessenheit geraten: Ich will zeigen, daß sich auch die letzten Fragen zur Kosmogonie stellen lassen, daß sie in einigen Fällen bereits beantwortet sind und daß in anderen die Wissenschaft deutlich gemacht hat, welcher Art die bald zu erwartenden Antworten sein werden.

auf Planeten vorkommen. Folglich kann die Planung noch weiter vereinfacht werden. Ja, die Vereinfachung selbst kann vereinfacht werden, denn Sie brauchen lediglich die Grundbestandteile anzugeben – und vielleicht noch ein paar andere Dinge –, und früher oder später werden Elefanten durch die Lande ziehen.

Daraus ergibt sich folgende Frage: Nehmen wir an, Sie wären ein maßlos fauler Schöpfer – was wäre das *Minimum* an Angaben, auf das Sie sich bei der Planung des Universums beschränken könnten? Müßten Sie sich wirklich die Mühe machen, so ungefähr hundert verschiedene Arten von Atomen zu planen? Oder wäre es möglich, sich auf eine Handvoll Dinge zu beschränken, die, wenn sie nur in den richtigen Mengen vorhanden sind, zunächst Elemente und dann Elefanten hervorbringen? Läßt sich die Gesamtheit des Universums auf ein *einziges* Ding zurückführen, das – bei geeigneter Spezifizierung – unvermeidlich Elefanten hervorbringt? Könnten Sie (wenn Sie unendlich faul wären) vielleicht sogar die Planung und Herstellung dieses Dinges vermeiden? Wenn Sie das könnten (und uns wird praktisch zur Gewißheit werden, daß Sie es könnten), bliebe für Sie nichts mehr zu tun bei der Erschaffung Ihres Universums.

Damit dürfte unsere Aufgabe klar sein. Wir müssen nach Anhaltspunkten dafür suchen, daß bei der Schöpfung nichts und niemand schöpferisch gewirkt, daß absolut keine Intervention stattgefunden hat. Zunächst haben wir nur den einen Hinweis, daß unsere Antwort am Ende fast mit Sicherheit extrem einfach sein wird, denn wenn alle Wirkkräfte ruhen (oder abwesend sind), kann nur etwas vollkommen Einfaches entstehen. Daraus ergibt sich, daß wir das Universum nach den Spuren der ihm zugrunde liegenden Einfachheit durchforschen müssen. Dabei müssen wir uns stets vor Augen halten, daß Komplexität des Verhaltens und der Erscheinung täuschen kann und daß das, was wir als Komplexität wahrnehmen, das Ergebnis einer Verkettung einfacher Dinge sein kann.

Damit beginnen wir. Wir brauchen für unsere Reise lediglich die Überzeugung, daß alles verstanden werden *kann* und daß es letztlich nichts zu erklären gibt.

Eine einführende Auseinandersetzung mit der Frage, wie das Universum zusammengesetzt ist und wodurch diese Zusammensetzung bestimmt wird, bietet Fred Hoyle.[6] Er erklärt auch die Kernsynthese ausführlicher, als es in den oben genannten Quellen der Fall ist. Eine allgemeinverständliche und sehr interessante Beschreibung der Zusammensetzung des Universums einschließlich einer einfachen Erklärung des Ursprungs der Elemente findet der Leser bei Nigel Calder.[7] Wenn ich von galaktischem Staub rede, so stand ich dabei wahrscheinlich unter dem Einfluß seiner die Vorstellungskraft sehr viel stärker ansprechenden Formulierung: «In gewissem Sinne besteht der Leib des Menschen aus Sternenstaub.» (S. 32)

Dem Leser, der wissen möchte, wie sich die Größe des Universums einschätzen, wie es sich vermessen und wie sich ein Katalog der Dinge aufstellen läßt, die es enthält, dem leistet die ‹*Cambridge Encyclopaedia*› so gute Dienste wie jede andere Quelle. Ein Rezept zu einer solchen Größenbestimmung[8] bewegt sich in einem Maßstab, von dem die Adepten der Schulweisheit noch unlängst nicht einmal zu träumen gewagt hätten. Ausgehend von der Annahme, daß das augenblickliche Alter des Universums 10^{10} Lichtjahre beträgt, würde der augenblickliche Radius $1,3 \times 10^{10}$ Lichtjahre ($1,2 \times 10^{26}$ m) messen. Die mittlere Dichte liegt gegenwärtig bei $1,4 \times 10^{-29}$ g/cm^{-3} (was im Durchschnitt etwa einem Atom pro Kubikmeter entspricht), und die Gesamtmasse umfaßt ungefähr $5,7 \times 10^{56}$ g. Etwa $2,9 \times 10^{23}$ Sterne sind über ungefähr 10^{11} Milchstraßen verteilt. Alle 5 Sekunden expandiert das Universum um einen Betrag, der annähernd dem Volumen unserer Milchstraße entspricht. In etwa 5×10^{10} Jahren wird alles vorbei sein. Auch kritische Analysen dieser Mengen- und Größenbestimmungen liegen vor.[9,10]

Unser Verständnis für die Beschaffenheit des Universums rührt von unserer Fähigkeit her, die Dinge, die es enthält, zu bemerken, zu beobachten und über sie nachzudenken. Wir bemerken beispielsweise, daß alles aus dem gleichen Stoff gemacht ist. Tiere essen Pflanzen und trinken Flüsse. Pflanzen essen Berge. Wenn Tiere sterben, tragen sie zur Entstehung künftiger Berge und anderer Pflanzen bei. Berge heben sich aus Planeten empor, die aus den Trümmern toter Sterne zusammengewachsen sind. Alles ist aus dem gleichen Stoff, und je weiter wir in die Ferne blicken, desto unwahrscheinlicher wird es, daß sich irgendwo ein anderer Stoff findet. Wir sind galaktischer Staub, und zu galaktischem Staub werden wir wieder.

Wir bemerken, daß es ein Universum gibt. Darunter verstehe ich weit mehr als nur einen Sternenhaufen, der sich durch einen leeren Raum bewegt und uns beherbergt. Eine der größten Entdeckungen war, daß sich das Universum messen läßt und daß es Sinn hat, nach seiner Ausdehnung und seinem Alter zu fragen. Revolutionärer als die tatsächliche Vermessung des Universums ist die Erkenntnis, daß es sich vermessen läßt, denn das Vorhandensein von Ausdehnung und Dauer konfrontiert uns mit den Problemen, die aus dem Umstand erwachsen, daß Raum und Zeit Grenzen gesetzt sind. Diese Probleme zur Kenntnis nehmen heißt dem Verständnis einen Schritt näher kommen, denn wenn wir begreifen, was es bedeutet, jenseits der Grenzen des Raumes und vor Anbeginn der Zeit zu sein, hat sich uns das Wesen von Zeit und Raum ein Stück mehr erschlossen. Der Schlüssel zum Verständnis liegt im Erkennen und Begreifen des Allereinfachsten.

Ob wir das wahrnehmbare Universum für groß oder klein halten, ist unwesentlich. Gemessen an der Größe des Menschen ist es gewiß riesig. Aber der Mensch ist nicht wirklich wichtig, deshalb dürfen wir ihn auch nicht als wichtiges Größenkriterium gelten lassen. Die Riesenhaftigkeit des Universums können wir uns handhabbar machen, wenn wir es wagen, einen Maßstab von ausreichender Größe anzulegen: Ist die Betrachtungsweise großzügig genug, verflüchtigt sich die Ehrfurcht, die Riesenhaftigkeit einflößt. Ehrfurcht lähmt den Verstand. Stellen wir uns das Universum als ein Staubwölkchen

Das ist Olbers' Paradoxon.[11,12] Es besagt, daß Sterne von endlicher Größe sind und daß jede gerade Linie, die sich von einem Betrachter in den unendlichen Weltraum erstreckt, früher oder später auf die Oberfläche eines Sterns treffen müßte. Dies gilt unter der Voraussetzung, daß das Universum unendlich in seiner Ausdehnung, unendlich alt, gleichförmig in seinem Raum und statisch wäre. Das Paradoxon konnte auf verschiedene Weise gelöst werden. Wenn das Universum zum Beispiel endlich wäre, gäbe es jenseits eines bestimmten Radius keine Sterne, und infolgedessen müßten auch die vom Auge des Betrachters ausgehenden Linien nicht unbedingt auf einen Stern treffen. Oder: Wenn das Universum zwar unendlich, aber von endlichem Alter wäre, hätte das Licht sehr ferner Sterne noch keine Zeit gehabt, uns zu erreichen. Die moderne Lösung des Paradoxons – sie beruht auf der Aufgabe der Annahme, daß das Universum statisch ist[12] – ist komplizierter, wie so vieles in der allgemeinen Relativitätstheorie und Kosmologie, wo vertraute Begriffe wie Alter und Entfernung ihre Einfachheit verlieren.

von ungefähr einem Meter Durchmesser vor. Jedes Staubkorn ist eine Milchstraße. Wir leben in der Nähe eines ziemlich alltäglichen Sterns, der Teil einer ziemlich alltäglichen Milchstraße an irgendeiner bedeutungslosen Stelle des Staubwölkchens ist.

Jede Nacht wird uns vor Augen geführt, daß das Universum einen Anfang hatte, aber die meisten von uns bedauern, nutzen oder genießen die Dunkelheit einfach, ohne zu bemerken, daß sie Erkenntnis bringt.

Dabei brauchten wir nur einen Augenblick nachzudenken, um darauf zu kommen, daß die Dunkelheit eine Hälfte der Ewigkeit auslöscht. Wäre das Universum nämlich unendlich und ewig, müßten wir, gleich in welche Richtung wir blickten, das Licht eines Sterns sehen. Jeder Punkt am Himmel wäre ein Stern, und der ganze Himmel würde im Lichterglanz erstrahlen wie die Oberfläche der Sonne. Selbst am Tage wäre die Sonne vom Glanz ihres Hintergrundes nicht zu unterscheiden. Aber bei Nacht ist der Himmel dunkel, und zwischen den Sternen liegen Zwischenräume. Das Universum kann also weder unendlich noch ewig sein. Wir haben hier ein Beispiel dafür, wie die Wahrnehmung einer trivialen Tatsache zum Ausgangspunkt einer wissenschaftlichen Revolution werden kann.

Ein schärferer Verstand könnte noch weitergehende Erkenntnisse aus der Dunkelheit gewinnen. Er würde bemerken, daß eine Expansion des gesamten Universums das Licht ferner Sterne dehnen und ihre Helligkeit verringern kann. Tatsächlich haben die Astronomen diese Expansion auch durch ihre Teleskope beobachtet, bevor der schärfere Verstand die entsprechenden Schlußfolgerungen zog. Sie sahen, wie Milchstraßen in die Ferne rückten, wie die Staubwolke sich ausdehnte. Nichts liegt näher, als die Expansionsbewegung in die Vergangenheit zurückzuverfolgen und sich vorzustellen, daß die Staubwolke aus einer Explosion in ihrem Kern hervorgegangen ist. Diese Explosion war der Schöpfungsakt.

Aber was wurde geschaffen? Was expandiert? Expandieren die Milchstraßen im Raum? Aber was ist dann Raum? Worin befindet er sich? Woher kommt er? Dehnt sich der Raum selbst

Das Elektronenmikroskop ist heute, wenn es in geeigneter Form benutzt wird, empfindlich genug, um uns Bilder von Atomen zu liefern.[13] Die Röntgenstrukturanalyse ist die Grundlage der modernen Technik zur Bestimmung des Aufbaus von Molekülen, vor allem der riesigen Moleküle – zum Beispiel des Eiweißes und der DNS –, die in der Biologie eine bedeutende Rolle spielen. Sie zeigt Elektronen, zu Kügelchen angeordnet, die deutlich als Atome erkennbar sind.[14] Die Feldionenmikroskopie[14] bildet einzelne Atome ab und arbeitet mit geeigneter Ausrüstung so genau, daß der Experimentator ein einzelnes Atom lokalisieren, es aus der Oberfläche der Probe lösen und bestimmen oder in irgendeiner Weise verwenden kann.

Der Durchmesser eines Atoms bewegt sich in der Größenordnung von 2×10^{-10} m. Die Größe wird durch die Stärke der elektrostatischen Anziehungskraft zwischen dem Kern und den ihn umgebenden Elektronen bestimmt. Die Stärke wiederum richtet sich nach der universellen Konstante α. Ihr Wert beträgt ungefähr $1/137$. Der Durchmesser eines Atoms verhält sich umgekehrt proportional zu α. Wäre also der Wert von α doppelt so hoch, wären wir nur halb so groß, achtmal so dicht und erheblich lebhafter.[15]

aus? Ist nur der Raum erschaffen worden? Wohin expandiert der Raum?

Wir bemerken, wir denken, daß das Universum nicht nur Raum ist. Wir zumindest sind darin, und es gibt noch andere Materie. Wenn wir die Beschaffenheit der Welt verstehen wollen, müssen wir auch Atome und (in sehr weitem Sinne) Elefanten, Substanz und (in sehr engem Sinne) Geist berücksichtigen. Irgendwie muß Materie aus etwas dem Nichts Ähnlichem erschaffen worden sein. Glücklicherweise haben wir jedoch um so mehr Abstriche an der Komplexität des ursprünglichen Schöpfungsprozesses vornehmen können, je mehr Schichten die wissenschaftliche Forschung von jener Zwiebel abgeschält hat, die wir als Struktur der Materie bezeichnen. Heute geht es nicht mehr darum, die ganze komplizierte Entstehung der Elefanten in all ihrer Kompliziertheit zu erklären, heute geht es um die Entstehung der Bestandteile von Atomen.

Wir wissen, daß es Atome gibt, weil wir sie sehen können. Hochentwickelte Mikroskope liefern uns Vorstellungen von Atomen und ermöglichen uns, Moleküle zu fotografieren. Wir können Atome spalten und in sie hineinsehen.

Atome sind sehr groß. Sie müssen es sein, weil sie soviel enthalten. Zwar erscheinen sie uns als sehr klein, aber nur, weil wir sehr groß sind. Eine Vorstellung von der Größe eines Atoms können wir uns machen, wenn wir annehmen, der Kern im Mittelpunkt hätte die Größe eines Menschen; dann wäre das Atom selbst ein dünner Elektronenschleier, der sich bis zum Rand einer Kugelschale von hundert Kilometer Durchmesser ausdehnen würde.

Die großen Abstände zwischen den äußeren Teilen der Atome zeigen, wie begrenzt die Kontrolle des Kerns im Mittelpunkt über die ihn umgebenden Elektronen ist. Diese Schwäche liegt der Vielfalt des Lebens zugrunde. Dank dieser Schwäche können Atome mit minimalem Aufwand von Molekülen abgezogen werden, können sich aus alten Atomkonstellationen neue bilden. Dank dieser Schwäche sind Strukturen nicht ein für allemal in unveränderlichen Konfigurationen erstarrt, sondern können auf ihre Umgebungen reagieren. Die locker verbundenen Strukturen der Atome und Moleküle sind reak-

Die Frage, wie viele Atome zum Aufbau eines komplexen Organismus erforderlich sind, erörtert Erwin Schrödinger allgemeinverständlich – wenn auch ein wenig vereinfachend – in seinem Buch ‹*Was ist Leben?*›.[16]

Das Evolutionstempo ist von Freeman Dyson wie folgt beschrieben worden: «Wenn wir die Geschichte des Lebens betrachten, so sehen wir, daß es etwa 10^6 Jahre dauert, bis sich eine neue Art entwickelt, 10^7 Jahre, bis sich eine neue Gattung entwickelt, 10^8 Jahre, bis sich eine Klasse entwickelt, 10^9 Jahre, bis sich eine Ordnung entwickelt, und weniger als 10^{10} Jahre, um den ganzen Weg vom Urschlamm bis zum Homo sapiens zurückzulegen.»[17]

Wenn alle anderen Bedingungen gleich wären (wenn vor allem die Temperatur der Umwelt von α unabhängig wäre) und wenn α nur ein Prozent über seinem tatsächlichen Wert gelegen hätte, hätte die Evolution des Menschen doppelt so lange gedauert. Wenn α das Doppelte seines tatsächlichen Wertes betragen hätte, dann hätte der Mensch für seine Evolution nicht 10^{10} Jahre, sondern 10^{62} Jahre benötigt – weit mehr als das augenblickliche Alter des Universums (10^{10} Jahre). Die im Atomkern wirkenden Kräfte sind etwa hundertmal stärker als die elektrostatische Kraft; von Bereichen mit extrem hoher Temperatur wie den Zentren von Kernexplosionen und dem Inneren von Sternen abgesehen, wäre es kaum zu Veränderungen gekommen. Eine Änderung des Werts von α hat zahlreiche Konsequenzen, von denen wir noch einigen im Fortgang dieser Untersuchung begegnen werden.[18]

tionsfähig, und auf leichte Anstöße der Umwelt hin kann sich Veränderung einstellen. Wären die Strukturen fester gewesen, hätte Veränderung nur durch Auslöser wie Kernexplosionen herbeigeführt werden können, und nicht einer der differenzierten Aspekte von Wahrnehmung und Bewußtsein hätte sich herausbilden können. Die Konstruktivität der Evolution wäre in Destruktivität umgeschlagen.

Die Empfindlichkeit der Molekularstruktur, die Materie selbst auf sanfte Anforderungen ihrer Umwelt reagieren und differenziertes Verhalten durch den Erwerb komplexer Gestalt entwickeln läßt, trägt zugleich auch ständig zur kulturellen Komplexität der Menschheit bei. Nur wenn die Moleküle im Organismus auf die Einflüsse der Umgebung reagieren können, kann der Organismus beobachten. Folge der Beobachtungen sind die Wahrnehmungen und Erfindungen des Geistes, die ihrerseits Manifestationen von Atomverlagerungen und von Modifikationen der Molekularstruktur im Gehirn sind.

Die Kehrseite eines so empfindlichen Reaktionsvermögens ist Vergänglichkeit. Kleine Grenzüberschreitungen reichen aus, um zu töten. Wärme, die eben noch wohltat, kann, jenseits einer bestimmten Schwelle, versengen und verbrennen. Deshalb ist es so leicht zu sterben.

Während die äußeren Teile der Atome von moderaten Kräften regiert werden, läßt die Existenz eines Atomkerns darauf schließen, daß im Zentrum des Atoms stärkere Kräfte wirken. Nur eine weit stärkere Kraft kann die Bestandteile des Kerns so dicht bündeln. Deshalb ist nukleare Veränderung energetisch wie ökonomisch sehr viel tiefgreifender und nachhaltiger als chemische Veränderung, und deshalb scheiterten die Alchimisten mit ihren Versuchen, die Elemente zu verwandeln.

Die starke Kraft, die den Atomkern zusammenhält, kann nur über eine sehr begrenzte Reichweite verfügen, weil sie sonst schon das ganze Universum zu einem einzigen Tropfen zusammengezogen hätte. Überdies hat die Kraft zwar die kleinen Kerne leichter Atome fest im Griff, aber Atome wie die des Urans, bei denen der Kern aus Hunderten von Teilchen besteht, entziehen sich ihrer Kontrolle, und die Kerne neigen zum Zerfall. Die Frage, ob dies in kontrollierter Weise geschieht oder

Eine nüchterne Darstellung der modernen Teilchenphysik findet der Leser in dem Buch von J. C. Polkinghorne.[19] Bei der Niederschrift des Buches stand der Verfasser gerade im Begriff, seinen Lehrstuhl für mathematische Physik mit der Kanzel eines Geistlichen der anglikanischen Kirche zu tauschen. Eine leichtere Einführung bietet das bereits erwähnte Buch von Nigel Calder[7], das sehr gut und sehr phantasievoll geschrieben ist. Besonders anschaulich beschreibt Calder das Wesen der Kräfte und die Rolle der Elementarteilchen, zu denen sich immer noch weitere, neuentdeckte Partikeln gesellen.

Es muß irgendeine innere Struktur geben, an Hand derer sich die vielen bislang entdeckten Arten von Quarks unterscheiden lassen. Eine der künftigen Aufgaben wird sein, eine solche Art von Grundkomponente ausfindig zu machen. (Ich werde auf den folgenden Seiten darauf zurückkommen.) Damit ist nicht gesagt, daß die wirklich letzten Einheiten nicht vielleicht in noch einfacheren Gruppierungen als den Quarks zusammengeschlossen sind und daß demzufolge die Quarks selbst eine Art innerer Struktur besitzen, auch wenn ihnen räumliche Ausdehnung fehlt.

Es gibt zwei Namenskategorien. Zur einen gehören Bezeichnungen, die uns eine Vorstellung vom Gemeinten geben: Ich denke an so «vertraute» Begriffe wie zum Beispiel «elektrische Ladung». Jeder weiß, was mit elektrischer Ladung gemeint ist (bis man ihn auffordert, sie zu erklären). Zur anderen Kategorie gehören Bezeichnungen, die wir sogleich als unvertraut empfinden: in durchaus ironischer Absicht hat man ihnen alltägliche vertraute Namen gegeben wie «Farbe», «Geschmack», «Seltsamkeit» und «Charme». Manche Leute nehmen Anstoß am mangelnden Ernst dieser Nomenklatur, obwohl sie ihrem Zweck gleich in doppelter Hinsicht genügen. Zum einen sind sie lustig, was sich durchaus mit Wissenschaft verträgt. Zum anderen signalisieren diese Namen auf unzweideutige Weise, daß sie Codewörter sind, die noch näherer Erläuterung bedürfen.

nicht, ist entscheidend für den Grad des gesellschaftlichen Nutzens, den das Ergebnis des Zerfallsprozesses hat.

Elefanten haben eine Tiefenstruktur: die Verbindung ihrer Moleküle. Moleküle haben eine Feinstruktur: den schwachen Zusammenhalt ihrer Atome. Atome haben eine Feinstruktur: eine Elektronenwolke und im Zentrum einen Kern. Kerne haben eine Feinstruktur: das durch die starke Kraft zusammengehaltene Bündel der Protonen und Neutronen. Ist die Zwiebel ohne Ende?

Es sieht nicht so aus. Es ist noch eine weitere Schicht bekannt. Man stößt auf sie, wenn man versucht, Protonen zu spalten. Man stellt fest, daß dies nicht geht (was wichtig ist), aber man kann in ihrem Inneren ihre Bestandteile, die Quarks, ausmachen. Wie die Elektronen scheinen die Quarks Teilchen ohne räumliche Ausdehnung und Feinstruktur zu sein: Sie haben Eigenschaften, aber keine Ausdehnung, sie sind Substanz ohne ein Inneres. Hier stehen wir offensichtlich an der Schwelle zu äußerster Einfachheit, fast am Ende der Zwiebel, denn alles, was eine Struktur hat, ist zu kompliziert, um als extrem einfach gelten zu können. Komplexität selbst rudimentärster Art (wie etwa Ausdehnung im Raum) muß Attribut zusammengeführter Einfachheiten sein. Sie kann nicht in diesem fertigen Zustand entstanden sein.

Wir sollten hier innehalten und feststellen, wohin wir gelangt sind. Das Rezept zur Herstellung unseres Universums wird allmählich einfach. Wir scheinen Quarks zu brauchen, Elektronen, vielleicht noch ein paar andere Dinge und verschiedene Kräfte, um alles mit unterschiedlicher Festigkeit zusammenzuhalten. Trotzdem ist das Rezept noch immer zu kompliziert und zu unpraktisch, weil es die Planung und Erschaffung von mindestens einem halben Dutzend Eigenschaften des Universums verlangt, ein Umstand, der nicht mit der Forderung nach äußerster Einfachheit zu vereinbaren ist. Vor allem erscheint das Rezept so, wie es jetzt lautet, einfacher, als es in Wirklichkeit ist, weil es hinter schlichten Etiketten komplizierte Sachverhalte verbirgt. Erst wenn wir wissen, was Wörter wie «Kraft», «Elektron» und so fort tatsächlich bezeichnen, dürfen wir behaupten, unseren Gegenstand wirklich zu verstehen.

Der vor uns liegende Weg ist klar. Wir müssen die Bedeutung der einfachen, alltäglichen Begriffe überprüfen, die sich in meine Darstellung eingeschlichen haben und die normalerweise als selbstverständlich hingenommen werden. Ich werde die Auffassung vertreten, daß die meisten Wörter in letzter Konsequenz bedeutungsleer sind und daß ihre Pseudo-Bedeutung nur dazu dient, die Erscheinungen zu verschleiern und das Reden über sie zu erleichtern. Und ich werde zu zeigen versuchen, daß wir auf die meisten der Begriffe, die wir unbedingt zu brauchen scheinen, um zu verstehen, wie unsere Welt funktioniert, getrost verzichten können. Übrig bleibt dann das, womit wir uns eigentlich beschäftigen müssen und was uns weiterhelfen kann, nämlich im Grunde genommen nichts.

Erste Orientierung

Wir befinden uns auf einer Entdeckungsreise, um zu ergründen, wie das Universum «in seinem Innersten» beschaffen und wie es entstanden ist. Ich vertrete die Auffassung, daß der Urstoff des Universums von äußerster Einfachheit sein muß und daß die wahrgenommene Komplexität und Vielfalt durch das Zusammentreten primitivster Dinge entstehen. Ich vertrete außerdem die Auffassung, daß im Schöpfungsprozeß nur sehr einfache Dinge entstehen konnten und daß infolgedessen die Aufgabe irgendeines Schöpfers leicht gewesen ist. Mehr noch, ich versuche darzulegen, daß die einzig mögliche Erklärung der Schöpfung der Nachweis ist, daß dem Schöpfer darin überhaupt nichts zu tun blieb und daß die Schöpfung deshalb ebensogut auch ohne Schöpfer ausgekommen sein kann. Wir können zu dem unendlich faulen Schöpfer, dem von jeder Schöpfungsarbeit befreiten Schöpfer gelangen, indem wir scheinbar komplexe Dinge in ihre einfachen Bestandteile zerlegen, und ich hoffe, am Ende der Reise meinen Vorschlag angemessen begründen zu können, daß wir dem Schöpfer – welchem auch immer und ganz gleich, ob wir jemals an ihn geglaubt haben oder nicht – gestatten, vom Schauplatz des Geschehens zu verschwinden und sich in Nichts aufzulösen.

Um die Aufmerksamkeit auf die Einsichten zu lenken, die durch triviale Sachverhalte vermittelt werden können, und um zu zeigen, daß scheinbare Komplexität letztlich nur organisierte Einfachheit ist, wende ich mich nun den Ursachen von Veränderung zu. Ich werde zu zeigen versuchen, daß alle Formen der Veränderung – von den rudimentärsten, zum Beispiel dem Prozeß des Abkühlens, bis hin zu äußerst komplexen, etwa der Meinungsbildung – Einbrüche immer der gleichen primitiven Ereignisse in die Wahrnehmungswelt sind. Wir werden sehen, daß alle Ereignisse um uns und in uns den gleichen Beweggrund haben: den ziel- und zwecklosen Zerfall in Chaos.

Warum Dinge sich verändern

Qualität? Was ist Qualität? Der Terminus wurde von Freeman Dyson eingeführt.[20] Im Moment genügt es, lokalisierte Energie als eine Energie zu betrachten, die sich für Arbeit nutzbar machen läßt und deshalb «hohe Qualität» besitzt. Arbeit setzt geordnete Bewegung voraus. Hitze bedeutet Zufallsbewegung. In jedem Veränderungsprozeß geht stark lokalisierte Energie in diffusere Energie über; wir treffen sie nicht mehr in einem klar abgegrenzten Bereich an. Dyson bringt verschiedene Energieformen in eine «Wertordnung». Gravitationsenergie steht an der Spitze, besitzt also die höchste Qualität. Ganz am Ende der Liste erscheint die kosmische Mikrowellenstrahlung. Sie entspricht dem letzten Stadium der Wärmeabfuhr; eine weitergehende Qualitätsminderung dieser Energie scheint es nicht zu geben.

Veränderung nimmt eine Vielzahl von Formen an. Es gibt einfache Veränderung, etwa wenn ein springender Ball zur Ruhe kommt oder wenn Eis schmilzt. Es gibt komplexere Veränderung – denken wir an Verdauung, Wachstum, Fortpflanzung und Tod. Es gibt auch scheinbar unmerkliche Veränderung, zum Beispiel bei der Bildung von Meinungen oder bei der Entwicklung und der Ablehnung von Ideen. So vielgestaltig die Manifestationen von Veränderung auch sind, der Ursprung der Veränderung ist immer der gleiche. Wie alles Fundamentale ist dieser Ursprung von vollkommener Einfachheit.

Organisierte Veränderung, das Zustandebringen irgendeines Ergebnisses – eines Topfes, einer Feldfrucht oder einer Meinung – wird von denselben Kräften gespeist, die auch den springenden Ball zur Ruhe und das Eis zum Schmelzen bringen. Alle Veränderung, so werde ich darlegen, erwächst im Grunde aus einem Zerfall in Chaos. Als letztlich grund- und zweckloser Zerfall wird sich erweisen, was uns als Beweggrund und Zweck erscheinen mag. Absichten und ihre Erfüllung leben vom Zerfall.

Die Tiefenstruktur von Veränderung ist Zerfall. Dabei zerfällt nicht die Quantität, sondern die *Qualität* der Energie. Ich werde noch erklären, was unter Energie von hoher Qualität zu verstehen ist. Sie können sie sich zunächst als eine Energie vorstellen, die lokalisiert und in der Lage ist, Veränderung zu bewirken. Während sie Veränderung hervorruft, breitet sie sich aus, wird chaotisch verteilt wie ein zusammenstürzendes Kartenhaus und verliert ihr ursprüngliches Vermögen. Die Qualität der Energie, nicht aber ihre Quantität, zerfällt, wenn sie sich ausbreitet, in Chaos.

Resultate des Zerfalls sind nicht nur Hochkulturen, sondern alle Ereignisse auf unserem Planeten und im Universum. Zerfall liegt jeder erkennbaren Veränderung in der belebten und unbelebten Natur zugrunde. Die Energiequalität ist wie eine sich langsam abspulende Feder. Spontan nimmt die Qualität ab, und die Uhrfeder Universum spult sich ab. Spontan geht Quali-

Der zentrale Begriff dieses Kapitels lautet *Entropie.*[14] Er führt uns in die Welt des Zweiten Hauptsatzes der Wärmelehre und wird in jedem Lehrbuch beschrieben, das die molekulare Grundlage der Wärmelehre behandelt. Der Zweite Hauptsatz der Wärmelehre, in dem unser Wissen über die Veränderungsrichtung zusammengefaßt wird, ist gleichbedeutend mit der Aussage, daß mit jeder Veränderung die Entropie der Welt zunimmt, was wiederum heißt, daß die Möglichkeiten zur Diffusion der verfügbaren Energie zunehmen.

Das zu irreversibler Veränderung führende Zufallsgedränge läßt sich am Beispiel einer Zufallsbahn verdeutlichen. Eine einfache Version sieht folgendermaßen aus: Nehmen wir an, die Wahrscheinlichkeit, daß sich ein Objekt nach links wendet, sei ebenso groß wie die Wahrscheinlichkeit, daß es nach rechts geht. Obwohl wir vielleicht nicht in der Lage sind, die Richtung eines jeden Teilchens bei jedem Schritt zu beobachten, so können wir doch zumindest vorhersagen, mit welcher Wahrscheinlichkeit sich ein bestimmtes Teilchen in einer bestimmten Entfernung von seinem Ursprung befinden wird, nachdem es Zeit gehabt hat, eine bestimmte Anzahl von Schritten auszuführen. Betrachten wir eine größere Anzahl von Objekten, die anfangs an irgendeinem Ort versammelt sind. Da sie alle dem Zufall gehorchend ständig nach links und nach rechts springen, werden zu einem späteren Zeitpunkt einige wenige in großer Entfernung anzutreffen sein (weil es beispielsweise möglich, aber unwahrscheinlich ist, daß ein Objekt jedesmal nach rechts gesprungen ist), während sich die meisten in der Nähe des Ausgangspunktes befinden werden. Die ursprüngliche Dichte am Ausgangspunkt nimmt im Laufe der Zeit ab, und es besteht nur eine sehr geringe Wahrscheinlichkeit (wenn auch eine echte Möglichkeit), daß alle Elemente der Ursprungsmenge gleichzeitig zum Ausgangsort zurückfinden, so daß die ursprüngliche Dichte wiederhergestellt ist. Es hat sich also infolge zufälliger Sprünge eine irreversible Veränderung ergeben. Dieser einfache Grundgedanke läßt sich in einer Reihe komplizierter Sachverhalte wiederentdekken.[21,22]

tät verloren, und der Qualitätsverlust speist die in Wechselwirkung stehenden Prozesse, die wie die Zahnräder einer komplizierten Maschine um uns herum und in uns ineinandergreifen. So komplex ist die Verzahnung, daß das Chaos hier und da zurückweicht und Qualität aufflackert, etwa wenn Kathedralen erbaut oder Symphonien gespielt werden. Aber das sind zeitliche und örtliche Illusionen, denn im Innern der Welt spult sich unaufhaltsam die Feder ab. Alles wird von Zerfall, von grund- und zwecklosem Zerfall bewegt.

Wie oben gesagt, ist unter «Qualität» von Energie deren Ausbreitungsgrad zu verstehen. Energie hohen Grades ist nützliche, lokalisierte Energie. Qualität niedrigen Grades ist verschwendete, chaotisch verstreute Energie. Wenn Energie lokalisiert ist, kann sie etwas leisten, sie verliert aber ihr Potential, Veränderung herbeizuführen, wenn sie sich verstreut hat. Qualitätsverlust ist chaotische Ausbreitung.

Ich werde jetzt zeigen, daß solche Ausbreitung ein letztlich natürlicher, grundloser und zweckloser Prozeß ist. Er kommt auf natürliche und spontane Weise zustande und bewirkt durch seinen Ablauf Veränderung. Läuft er allzu rasch ab, zerstört er. Wird er durch eine Verkettung von Ereignissen vermittelt, kann er Hochkulturen hervorbringen.

Wie natürlich die Ausbreitungstendenz der Energie ist, können wir ermessen, wenn wir uns ein Gedränge von Atomen vorstellen. Lokalisierte Energie – Energie in einem begrenzten Bereich – entspricht heftiger Bewegung in einer Ecke der Ansammlung. In dem Gedränge geben die Atome ihre Energie weiter und bringen ihre Nachbaratome dazu, ebenfalls in drängende Bewegung zu geraten, so daß sich das Gedränge ausbreitet wie die Unordnung in einem Kartenspiel, das gemischt wird. Die Wahrscheinlichkeit ist sehr gering, daß sich im Zuge dieses Gedränges in der Ecke, von der der Prozeß ausging, die ursprüngliche Aktivität wiederherstellt, während alle übrigen Atome wieder zur Ruhe kommen. Zufälliges, grundloses Gedränge hat zu irreversibler Veränderung geführt.

Diese natürliche Ausbreitungstendenz erklärt einfache Prozesse wie zum Beispiel die Abkühlung heißen Metalls. Die Energie des erhitzten Metallblocks, eine Energie, die in den

Die Erscheinungsform von Energie kann man sich in Bündeln – «Quanten» – denken, die in den verschiedenen Bewegungsarten der Moleküle und in der Anordnung ihrer Atome gespeichert werden.[15] Ob ein Molekül oder eine Ansammlung von Molekülen viel oder wenig Energie speichern kann, hängt vom Aufbau ab. Ein komplexes Molekül können wir uns als Labyrinth vorstellen, in dem sich die Energie fängt: Es gibt so viele Orte, die Energie zu bewahren, daß sie lange im Molekül umherwandern kann, bevor sie in die Umgebung entweicht. Wenn also die Energie auf ihrem Zufallsweg von außen in das Molekül eindringt, scheint sie dort in der Falle zu sitzen. Trotzdem ordnet sich dieser Vorgang in die allgemeine Energiediffusion ein. Nur gibt es in einem solchen Molekül eben so viele Speicherungsmöglichkeiten, daß der Eindruck entsteht, sie ziehe den Aufenthalt dort anderen Orten vor.

heftigen Schwingungen seiner Atome liegt, wird über Atomgedränge an die Umgebung abgegeben. Im Einzelfall kann bei solchem Gedränge die Energie in beide Richtungen abgegeben werden. Aber es gibt soviel mehr Atome in der Außenwelt als im Metallblock selbst, daß die Energie des Blocks nach einer gewissen Zeit mit größter Wahrscheinlichkeit verstreut und verloren sein dürfte.

Das Modell raubt uns jede Illusion von Zweckhaftigkeit. Es müsse irgendeinen Grund dafür geben – so sollte man meinen –, daß eine bestimmte Veränderung und nicht eine andere eintritt. Man möchte meinen, daß es Gründe für spezifische Ortsveränderungen der Energie gäbe (für Strukturveränderungen etwa, wie das Öffnen einer Knospe). Im Grunde jedoch ist alles Qualitätsverlust durch Energiediffusion.

Nehmen wir an, in irgendeinem Bereich fände die Energie mehr Stellen als andernorts, sich zu akkumulieren. Das Gedränge und die zufälligen Sprünge würden dann dort zu einer Häufung der Energie führen. Wenn die Energie ursprünglich in einem anderen Bereich konzentriert war, wird man sie später dort gehäuft antreffen, wo die Voraussetzungen am günstigsten sind. Ein zufälliger Beobachter würde sich vielleicht fragen, aus welchem Grunde sich die Energie entschied, gerade an diese Stelle zu wandern. Er würde möglicherweise zu dem Schluß kommen, es müsse ein Zweck dahinterstecken, und versuchen, ihn zu entdecken. Wir hingegen erkennen, daß die Energie, bloß weil sie sich schließlich an dieser Stelle befindet, durchaus nicht die Absicht gehabt haben muß, sich dorthin zu begeben.

Veränderungen des Standorts, des Zustands, der Zusammensetzung und der Meinung sind ursprünglich alle nichts anderes als Ausbreitung. Aber wenn im Zuge dieser Ausbreitung Energie in Bereiche gelangt, wo sie in größerer Dichte auftreten kann, entsteht der täuschende Eindruck, es handle sich um spezifische Veränderung und nicht um bloße Ausbreitung. Auf tiefster Ebene verflüchtigt sich der Zweck und wird ersetzt durch die Möglichkeit, planlos zu explorieren, dichte Standorte zu entdecken und dort zu verweilen, bis sich neue Möglichkeiten zur Exploration ergeben.

Jede natürliche Veränderung entspricht einer Zunahme der Entropie. Die Grundlage für die augenscheinliche Irreversibilität der Geschichte des Universums[22,23] ist die extreme Unwahrscheinlichkeit, daß Energie, Atome und Moleküle an frühere Aufenthaltsorte und in einstige Konfigurationen zurückkehren.

Ereignisse sind Manifestationen überlegener Wahrscheinlichkeiten. Alle Ereignisse in der Natur – vom Springen eines Balls bis hin zum Ersinnen von Göttern – sind Aspekte und Variationen dieser einfachen Idee. Aber wir müssen uns vor Augen halten, daß wir es mit Wahrscheinlichkeiten zu tun haben. Wenn der Zufall es will, kann die Energie dorthin zurückfinden, wo sie in ursprünglicher Konzentration vorlag, so daß eine Struktur zu ihrer Ausgangsform zurückkehrt. Zufällig kann die Energie aus der Umwelt in den Metallblock zurückdrängen. Ein Beobachter würde sehen, wie ein kaltes Stück Metall ohne äußere Einwirkung heiß werden und wie sich ein zerstörtes Kartenhaus von selbst wieder aufstellen würde. Diese Möglichkeiten sind so gering, daß wir sie als völlig unwahrscheinlich außer acht lassen. Aber sie sind nur unwahrscheinlich, nicht unmöglich.

Die Einfachheit, die aller Veränderungstendenz letztlich zugrunde liegt, ist in manchen Prozessen tiefer verborgen als in anderen. Während sich Abkühlung leicht als natürliche, durch Atomgedränge bewirkte Ausbreitung erklären läßt, ist die ursprüngliche Einfachheit in Prozessen wie Evolution, Willensfreiheit, politischem Ehrgeiz und Kriegsführung nicht so leicht zu entdecken. Indes, mag sie auch noch so verborgen sein, die Triebfeder aller Schöpfung ist der Zerfall, und jede Handlung ist die mehr oder weniger unmittelbare Folge der natürlichen Auflösungstendenz.

Die Tendenz der Energie zum Chaos wird durch die Vermittlung chemischer Reaktionen in Liebe oder Krieg verwandelt. Alle Aktionen sind Verkettungen von Reaktionen. Im Denken wie im Tun – vom rein intellektuellen Akt bis hin zur Verhaltensreaktion – ist der Mechanismus der Aktion die chemische Reaktion.

In ihrer elementarsten Form ist eine chemische Reaktion eine Neuordnung der Atome. Atome einer bestimmten Anordnung konstituieren eine Molekülart, Atome einer anderen Anordnung, vielleicht durch neue ergänzt oder um einige vermindert, konstituieren eine andere Art. Bei manchen Reaktionen verändert ein Molekül nur seine Form, bei anderen übernimmt es die Atome, die ihm ein anderes liefert, verleibt sie sich ein

Nehmen wir als Beispiel für eine einfache chemische Reaktion die Verbrennung eines Kohlestücks. Ganz einfach betrachtet, ist sie die Verbindung der Kohlenstoffatome in der Kohle mit den Sauerstoffatomen in der Luft zu Kohlendioxid (CO_2). Die Reaktion setzt beträchtliche Energie frei. Wenn zwei Sauerstoffatome und ein Kohlenstoffatom sich in einer Anordnung zusammenfinden, die in etwa einem CO_2-Molekül entspricht, wird Energie in Form von Schwingungen abgegeben. Diese Schwingungsenergie greift sehr rasch um sich, wodurch die Atome im Kohlestück in Schwingung versetzt werden. Die Energie im Kohlestück strebt vom Reaktionsort fort. Dadurch sind die Sauerstoffatome und das Kohlenstoffatom gezwungen, als CO_2-Molekül zusammenzuhalten. Ein spontaner Zerfall des Kohlendioxids in eine Rußschicht und eine Sauerstoffwolke findet nicht statt, weil es zwar zu einer Umkehrung des oben beschriebenen Prozesses kommen *kann*, die Wahrscheinlichkeit, daß sie tatsächlich eintritt, jedoch äußerst gering ist. Denn wenn sich Ruß aus Kohlendioxid bilden soll, muß sich im Molekül Energie aus der Umgebung einfinden. Doch ist es höchst unwahrscheinlich, daß sich in dem winzigen CO_2-Molekül spontan und gleichzeitig genügend Energie einstellt.[24]

und gewinnt dadurch eine komplexere Struktur. Solch ein komplexes Molekül kann seinerseits ganz oder teilweise geschluckt werden, wodurch es zum Atomlieferanten für andere Moleküle wird.

Moleküle haben weder den Hang zu reagieren noch den Hang, nicht zu reagieren. Auf dieser Verhaltensebene gibt es natürlich nichts, was Ähnlichkeit mit Motiv und Absicht hätte. Wie kommt es dann zu Reaktionen? Auf dieser Ebene kann es infolgedessen auch in der Liebe und im Krieg weder Motiv noch Absicht geben. Wie kommt es dann zu ihnen?

In der Regel tritt eine Reaktion ein, wenn Energie zu diffuserer, chaotischerer Form verkommt. Jeder Atomanordnung, jedem Molekül droht ständig Energieverlust, wobei die Energie durch Gedränge an die Umgebung abgegeben wird. Wenn ein Atombündel zufällig in eine Anordnung eingeht, die einem neuen Molekül entspricht, kann diese flüchtige Anordnung durch plötzliche Freisetzung von Energie zu einem dauerhaften Gebilde eingefroren werden. Chemische Reaktionen sind Transformationen, die durch Mißgeschick zustande kommen.

Atome sind nur lose in Moleküle eingebunden, und es ist allgemein bekannt, daß die Exploration von Neuordnungen zu Reaktionen führt. Das ist einer der Gründe dafür, daß aus der unbelebten Materie der Urschöpfung Bewußtsein hervorgegangen ist. Wären Atome so fest miteinander verbunden wie Atomkerne, wäre die Materie auf Dauer in ihrer Urform zusammengeschlossen gewesen, und das Universum wäre gestorben, bevor es hätte erwachen können.

Doch die Unbeständigkeit der Moleküle wirft auch Fragen auf. Warum ist das Universum nicht schon längst zu reaktionslosem Schlamm zusammengefallen? Wenn Moleküle bei jeder Berührung mit einem Nachbarmolekül reagieren würden, wäre das Veränderungspotential der Welt schon lange erschöpft. Die Ereignisse hätten so wahllos und rasch stattgefunden, daß die vielfältigen Aspekte der Welt – wie etwa das Leben und sein Bewußtsein von sich selbst – keine Zeit gehabt hätten, sich zu entwickeln.

Die Entstehung von Bewußtsein ist wie die Entfaltung eines Blattes auf Zügelung angewiesen. Vielfalt, die Vielfalt der wahr-

Wenn ich sage, die Energie bestimme selbst das Tempo ihres Verfalls, so habe ich dabei die *Aktivierungsenergie* von Reaktionen vor Augen.[24] Eine chemische Reaktion kann stattfinden, wenn zwei Bedingungen erfüllt sind. Erstens, die reagierenden Substanzen müssen aufeinandertreffen. Zweitens, wenn das geschieht, müssen sie genügend Energie besitzen – eben die «Aktivierungsenergie» –, um reagieren zu können. Die Wahrscheinlichkeit, daß sie über mindestens diese Energiemenge verfügen, kommt in einer Formel zum Ausdruck, die als *Boltzmann-Verteilung* bekannt ist. Sie ist ein wahrscheinlichkeitstheoretisches Ergebnis, das auf der Annahme fußt, die Energie werde durch alle vorkommenden Bewegungsarten zufällig verteilt. Die Aktivierungsenergie wirkt als Stabilisierungsfaktor, weil – wie die Boltzmann-Formel zeigt – die Wahrscheinlichkeit, daß Moleküle genügend Energie für die Reaktion bei Normaltemperatur besitzen, sehr gering ist.

Eine andere Einschränkung des Energiezerfalls beschreibt Dyson in einem oben bereits angeführten Artikel.[20] Er schildert eine Vielzahl von «Aufschüben» oder Hindernissen, die den Zerfallsprozeß hemmen. Eines ist der «Größen-Aufschub» – gemeint ist, daß ein diffuses Objekt, das durch die Gravitation zusammengehalten wird, nur langsam in sich zusammenstürzen kann. Da das Universum außerordentlich diffus ist (im Durchschnitt etwa ein Atom pro Kubikmeter), braucht es lange für den Zusammenbruch (ungefähr 10^{11} Jahre). Ein weiteres Hindernis ist der Spin-Aufschub, der dem Umstand zu verdanken ist, daß sich eine Rotationsbewegung nur langsam aufheben läßt – weshalb es zum Beispiel Planeten und ihre Umlaufbahnen gibt. Das dritte Hindernis ist der «thermonukleare Aufschub», der Sterne daran hindert, ganz in sich zusammenzufallen, bevor ihr gesamter Wasserstoffvorrat verbrannt ist. Dieser Aufschub hat der Sonne bisher eine Lebensspanne von $4{,}5 \times 10^9$ Jahren beschert und verspricht ihr eine Lebenserwartung von weiteren 5×10^9 Jahren. Viertens gibt es den «Aufschub der schwachen Wechselwirkung», der die Sonne (wie jeden anderen Stern) daran hindert, einfach wie eine Bombe zu explodieren. Dyson führt in seiner Liste noch weitere Aufschübe an. Der Artikel ist höchst faszinierend (und es bleibt noch genügend Zeit, ihn zu lesen).

genommenen Welt und die Vielfalt der imaginierten Welten von Literatur und Kunst – der menschliche Geist – sind die Folgen eines kontrollierten, nicht eines jäh auftretenden Kollapses.

Die Energie bestimmt selbst das Tempo ihres Verfalls. Moleküle haben die Gelegenheit zu reagieren, wenn sie sich treffen, aber tatsächlich tun sie es nur, wenn ihre Atome so locker verbunden sind, daß sie in neue Anordnungen eintreten können und sich damit selbst einem möglichen Mißgeschick ausliefern. Moleküle sind zwar schwach, aber keineswegs gefügig.

Wenn Exploration möglich sein soll, müssen die Bindungen der Atome an der Peripherie der Moleküle aufgelockert werden. Das geschieht, wenn Energie in das Molekül eindringt und Schwingungen auslöst, denn ein heftig schwingendes Molekül ist nur noch eine lockere Bündelung von Atomen. Und wie dringt Energie in das Molekül ein? Durch Zufall. Durch Zufall ist die Energie in dem Augenblick zugegen, da sich die Moleküle begegnen. Durch Zufall begegnen sich zwei Moleküle in dem Augenblick, da ihnen mehr als der durchschnittliche Energieanteil zur Verfügung steht. Dann kann es geschehen, daß ihre Atome wandern und infolge dieser Wanderung reagieren.

Ich möchte hier gern innehalten, um den Gedankengang so weit zusammenzufassen. Wir haben gesehen, wie das Chaos – zumindest auf molekularer Ebene – die Welt zugleich bewegt und in Schranken hält. Der Zerfall ins Chaos bewirkt Veränderung, denn alle natürlichen Ereignisse sind Folgen der Ausbreitungstendenz. Das Chaos sorgt aber auch für die Stabilität bestehender Formen, weil die Wahrscheinlichkeit gering ist, daß den Molekülen genügend Energie zur Verfügung steht, um mögliche Alternativanordnungen zu erproben. Wir werden vom Chaos zugleich vorangetrieben und zurückgehalten – das Chaos ist die Peitsche und der Zügel.

Wenn alles – Struktur wie Veränderung – auf Zufallsorchestrationen des Chaos zurückzuführen ist, muß es Bindeglieder zwischen Oberflächen- und Tiefenstruktur geben. Ich möchte zu beschreiben versuchen, welcher Art sie sind, nicht wie sie im einzelnen aussehen.

Evolution ist Reaktion durch Verführung. Komplexe Mole-

Obwohl eine chemische Reaktion (oder ein Prozeß, der deutlicher als physikalisch zu erkennen ist) zu einer Abnahme der Entropie im Universum führen und infolgedessen einem Rückgang der Energiediffusion entsprechen kann, kann diese dennoch voranschreiten, wenn nämlich die erste Reaktion in irgendeiner Weise mit einer zweiten, gemeinhin auf natürliche Weise auftretenden Reaktion verknüpft ist, die *im Endergebnis* einen Fortschritt der Energiediffusion bewirkt. Aufbau und Erhaltung komplexer Organismen sind den Aufbaureaktionen zu verdanken und diese den Reaktionen, die durch die Nahrungsaufnahme ermöglicht werden.[25,26]

Die molekulare Grundlage der Replikation (im wesentlichen die Chemie der DNS) wird vielerorts beschrieben, ein Zeichen für das starke Echo, das die Entdeckung dieser Basisprozesse des Lebens in Wissenschaft und interessierter Öffentlichkeit gefunden hat.[3,27]

küle können es eher durch kleine Schritte als durch eine einzige große Leidenschaft zu noch größerer Komplexität bringen. Ein Molekül ist in der Lage, ein paar Atome an einen wahlverwandten Partner abzugeben, woanders ein paar aufzunehmen, um so nach einiger Zeit seine Bestimmung zu finden. Die Reorganisation bei jedem Schritt hält sich in Grenzen, und deshalb ist auch nur wenig Lockerung pro Schritt erforderlich. Da es eher zu kleineren Energiezufuhren und Energieüberschüssen kommt als zu großen, läuft der Gesamtprozeß auf diese Weise vielleicht viel schneller ab, als würde er erst einsetzen, wenn sich genügend Energie angesammelt hat, um die Reaktion in einem großen Anlauf zu bewältigen. Statt dessen vollzieht sich die Reaktion durch wiederholtes Mißgeschick, bewegt sie sich gewissermaßen eine schiefe Ebene hinunter. Die Fortschritte der Reaktion werden dann im wesentlichen zu einer Frage der Logistik: Sie hängen davon ab, ob zum rechten Zeitpunkt der Mahlzeit genügend kleine Moleküle vorhanden sind.

Der gesamte Evolutionsverlauf läßt sich als konzertierte und kooperative Energiediffusion verstehen. Jede Evolutionsphase – einschließlich der Schritte, die zum Aufbau komplexerer Moleküle aus einfachen führten, die den Menschen aus dem Urschlamm entstehen ließen und die die Arten in Konkurrenz zueinander brachten – lebt von dieser Energiediffusion.

Moleküle haben Reproduktion nicht angestrebt, sie sind zufällig auf sie gestoßen. Die zunehmende Komplexität erreichte einen Punkt, an dem die Molekülstruktur – unter dem hinzutretenden Ausbreitungsdruck – eine Reaktionsfolge ermöglichte, die zufällig zur Bildung einer Replik führte. Dieses Molekül verfügte natürlich über die gleiche Reproduktionsfähigkeit, und selbst wenn das erste Molekül durch das Austrocknen eines Tümpels vernichtet wurde, konnte das Tochtermolekül die Entwicklungslinie fortsetzen. In jeder Phase der Reproduktion bestand die Möglichkeit zur Modifikation, da sich leicht abweichende kleinere Moleküle in der Nähe befanden und geschluckt werden konnten. Viele der Tochtermoleküle mögen lebensunfähig oder zur Reproduktion weniger geeignet gewesen sein als ihre Vorfahren oder Schwestermoleküle. Einige aber waren erfolgreicher, gediehen prächtig und wurden zu Elefanten.

Wenn vom komplexen Aufbau des Gehirns die Rede ist[28], [29], müssen wir uns vor Augen halten, daß man die Anzahl der Neuronen auf 10^{11} schätzt (das Gehirn selbst schätzt – mehr zur Selbstbezüglichkeit an späterer Stelle). Ein Neuron ist mit 1000 bis 10000 Synapsen (Kontaktstellen zu anderen Neuronen) ausgestattet.

Die Netzhaut besteht aus ungefähr 3×10^6 Zapfen (die für die Farbwahrnehmung «zuständig» sind) und 10^9 Stäbchen (die keine Farben unterscheiden können). Die bemerkenswerte Empfindlichkeit des Auges (von dem es allein auf unserem Planeten ungefähr ein halbes Dutzend verschiedener Formen gibt bzw. gab, die sich unabhängig voneinander entwickelt haben) zeigt sich darin, daß die Stäbchen auf ein einziges Lichtphoton reagieren können. Die beiden entscheidenden Merkmale des Sensormoleküls in den Stäbchen sind eine Beugung in der Mitte und die Fähigkeit, Licht von einer Wellenlänge, die der des Sonnenlichts gleicht, zu absorbieren (der Grund dafür, daß wir bei Tageslicht sehen können). Wenn wir sehen, wird von diesem Molekül zunächst ein Photon absorbiert, woraufhin die Biegung verschwindet und der Stab eine mehr oder minder gestreckte Form annimmt.[3] Dieser Stab paßt nun nicht mehr in die vorgesehene Lücke. Die Formänderung beeinflußt die Durchlässigkeit der an dem einen Ende des Stäbchens befindlichen Nervenmembran für Natrium- und Kaliumionen. Wir werden gleich sehen, daß die Konzentration dieser Ionen entscheidend für die Weiterleitung von Nervenimpulsen ist.

Je komplexer die Organismen wurden, die die Evolution hervorbrachte, desto differenzierter wurde auch die Wahrnehmung der Außenwelt. Solche Wahrnehmungen sind, ebenso wie Entschlüsse zum Handeln und Reflexionen über eigene und fremde Handlungen, Manifestationen von Reaktionen. Wir treten mit der Außenwelt in Wechselwirkung, wenn der Gang der Ereignisse die Anordnung besonders leicht reagierender Atomgruppen in unseren Augen und Ohren verändert.

Da Reaktionen Aspekte des Chaos sind, gehen Wahrnehmungen, Entscheidungen und Reflexionen also letztlich auch auf eine fundamentale Tendenz zum Chaos zurück. Bewußtsein verdankt seine scheinbare Komplexität der komplexen Wechselwirkung der Reaktionen, die diesen Zufall steuern. Es besteht keine Notwendigkeit, Bewußtsein als ein eigenes, durch eine Seele gekröntes komplexes Gebilde anzusehen. Verhalten ist die komplexe Organisation einfacher Prozesse, und die komplexe Struktur des Gehirns ist der komplexe Mechanismus, der Einfachheit in scheinbare Komplexität übersetzt. Die Struktur sorgt dafür, daß einfache chemische Prozesse in den Gehirnzellen zu einem Ganzen koordiniert werden, das sowohl komplex genug ist, um eine Vielfalt von Eigenschaften aufzuweisen, wie auch unberechenbar genug, um Phantasie und Erfindungsgabe entwickeln zu können.

Nehmen wir die Wahrnehmung. Im wesentlichen ist sie Aneignung von Informationen über Ereignisse, die außerhalb des Wahrnehmenden stattfinden oder nicht ganz außerhalb, wie zum Beispiel Schmerz. Körper haben Fühler – Nervenenden –, die auf ihre Umwelt reagieren und Information aufnehmen. Diese Sensoren, in Organen wie dem Auge gebündelt, geben Signale an das Gehirn weiter. Beim Sehen beispielsweise fällt Licht auf das Molekül, löst es aus seiner Struktur und bewirkt, daß es nicht mehr hineinpaßt. Das Licht liefert Energie, die die Atome lockert. Die Atome beginnen zu wandern und transportieren die Energie weiter. Das Molekül erstarrt in seiner neuen, der Umgebung nicht mehr angepaßten Gestalt. Die Vertreibung des Moleküls aus seiner angestammten Position veranlaßt ein anderes Molekül, seine Form zu verändern, wodurch eine weitere Reaktion ausgelöst wird. Es entsteht ein elektrischer Im-

Die Axonen der Nervenzellen (die den Impuls weiterleiten) sind umgeben von einer Flüssigkeit mit hoher Natriumionenkonzentration. Die Flüssigkeit im Innern ist reich an Kaliumionen.[30,31] Durch die unterschiedlichen Konzentrationen bildet sich zwischen dem Innern und der Umgebung der Nervenzelle eine elektrische Spannung. Der Nervenimpuls entsteht, wenn sich in der Membran Kanäle wie Schleusentore öffnen und die Natriumionen hereinlassen. Dann schließen sich diese Kanäle, und es öffnen sich andere, die den Austritt von Kaliumionen ermöglichen, woraufhin sich die ursprüngliche Spannung wiederherstellt, allerdings unter Verlust des ursprünglichen Konzentrationsgefälles der Natrium- und Kaliumionen. Das Aktionspotential wandert durch die Zelle und erreicht die Synapse. Dort werden Moleküle eines chemischen Neurotransmitters, die in kleinen Bläschen gespeichert sind, in das nächste Neuron freigesetzt. Diese chemischen Substanzen können das Neuron entweder dazu veranlassen, die Erregung über seine Verbindungen an andere Zellen weiterzuleiten, oder es daran hindern. Dergestalt vollzieht sich das komplexe Wechselspiel der Schaltstellen im Gehirn: Alles ist chemisch, und alles bewegt sich in die Richtung zunehmender Entropie.

puls den Nerv entlang bis zum Gehirn. Der Nerv verzweigt sich, der Impuls wird an eine Vielzahl von Zellen im Gehirn weitergegeben, und in jeder Zelle führt sein Eintreffen zu einer chemischen Modifikation. Die Beschaffenheit der Zellen entscheidet, wie sie auf künftige Impulse reagieren und ob sie neue Impulse in den einen oder den anderen Kanal geben. Nach einiger Zeit – Jahre werden es kaum sein – beeinflußt die Wahrnehmung eines Ereignisses eine Handlung.

Jeder Prozeß in dieser Kette wird Phase für Phase durch die ziellose Kraft chaotischer Ausbreitung vorangetrieben. Das Licht lockert das Molekül, das durch unglückliche Umstände abgekoppelt wird. Es wird abgestoßen, weil es die Freiheit hat umherzuwandern und die Energie, sich abzulösen. Eine Reaktion findet statt, wenn der Austritt des Moleküls den zurückbleibenden erlaubt, neue Anordnungen auszuprobieren. Der elektrische Impuls wird durch eine Folge von Reaktionen den Nerv entlanggetrieben, Reaktionen, die jeweils von Nachbarmolekülen ausgelöst werden und anderen Molekülen gestatten, neue Anordnungen einzugehen. Die chemischen Reaktionen in den Verästelungen der Nervenzellen im Gehirn werden auf ähnliche Weise ausgelöst. So entstehen die jahrelang durchs Gehirn zirkulierenden elektrischen Ströme. Alle Prozesse in dieser Sequenz – die Prozesse vor, während und nach der auf die Wahrnehmung folgenden Tat – werden von dem Chaos vorangetrieben, das sie in Gang setzen. Ob wir anschließend lachen oder weinen, ob wir lieben, streiten oder verzweifeln, wird von der langen und komplexen Geschichte der Ereignisse bestimmt, die alle nur Resultate zielloser Ausbreitung sind.

Ich finde es verblüffend, daß sogar heute noch einige Menschen meinen, die vielfältigen Eigenschaften des Gehirns – Eigenschaften wie Wahrnehmung, Gedächtnis, Handeln, Entscheiden und Erfinden – hätten nicht von allein entstehen können, solche Vielfalt könne nicht die äußere Erscheinung innerer Ziellosigkeit sein. Deshalb ist es so wichtig, hinter der täuschenden Komplexität die fundamentale Einfachheit zu erkennen. Natürlich könnten wir nicht die einfachen Schritte beschreiben, aus denen sich eine Wahrnehmung oder Meinung zusammensetzt, die einer Handlung vorangehen oder sie

Wir müssen Substanzen aufnehmen, die in bestimmten Reaktionen so viel Entropie freisetzen, daß der Ausgangszustand in den Körperzellen wiederhergestellt wird und daß die oben geschilderten Reaktionen bei der nächsten sich bietenden Gelegenheit wieder ablaufen können. Soweit es das Nervensystem betrifft, ist die wichtigste Instanz dafür die *Natrium-Kalium-Pumpe.*[30] Wir haben gesehen, daß nach der Ableitung eines Nervenimpulses das für Natrium- und Kaliumionen bestehende Konzentrationsgefälle der Nervenzelle aufgehoben ist. Für die Regeneration sorgt die Natrium-Kalium-Pumpe, ein in die Zellwand eingebettetes Eiweißmolekül. Jede Pumpe benutzt die Energie eines ATP-Moleküls, eines Moleküls von außerordentlicher Bedeutung für Reaktionen, die mit biologischer Energieversorgung zu tun haben. Bei maximaler Leistung kann jede Pumpe den Austausch von 200 Natriumionen und 130 Kaliumionen pro Sekunde vornehmen. Eine Vielzahl von Pumpen, die über das Neuron verteilt sind, stellt das ursprüngliche Konzentrationsgefälle wieder her, so daß alles für die Erregungsleitung bereit ist, sobald sich in dem an der Spitze liegenden Zellkörper die Zusammensetzung so verändert, daß der nächste Impuls ausgelöst wird.

hervorbringen. Aber es besteht kein Zweifel, daß es sie hinter den Ereignissen gibt. Man mißverstehe meine Auffassung nicht als den Versuch, das Wunder des Lebens fortzuerklären; nur der Akzent verschiebt sich. Das Wunder, das da ist, sollte meines Erachtens nicht der Gnade und dem Einfallsreichtum äußerer Intervention gutgeschrieben werden, denn damit bringen wir völlig überflüssigerweise einen Geist ins Spiel und müssen eine Seele erfinden. Das Wunder sollte statt dessen in der Erkenntnis liegen, daß sich prinzipielle Einfachheit in vielfältiger Pracht manifestieren kann, wenn sie kunstvoll koordiniert wird, und daß solche Koordination aus dem evolutionären Selektionsprozeß erwachsen kann. Die einzige unsterbliche Seele, die der Mensch hat, ist der ihn überdauernde Eindruck, den er im Geist anderer Menschen hinterläßt.

Es ist nicht so, daß wir eine Sache sehen und dann sterben. Die Uhrfeder Körper muß wieder aufgezogen werden, damit sie erneut reagieren kann, und die Nerven müssen in die Lage versetzt werden, neue Nachrichten zu übermitteln. Jeder Schritt bei Wahrnehmung und Handeln ist Reaktion, und jede Reaktion läßt sich rückgängig machen. Dazu muß ein geeignetes Reagens geliefert werden, dessen Energie die Erprobung wieder anderer Zufallsanordnungen ermöglicht und die Moleküle veranlaßt, wieder ihre ursprüngliche Struktur anzunehmen. Mit anderen Worten: Wir müssen essen.

Wir haben gesehen, daß Wahrnehmung wie Handeln von der Tendenz der Energie zum Chaos gespeist werden. Beide sorgen sie für einen Qualitätsverlust der Energie im Universum, und beide tragen sie letztlich zum völligen Verfall der Energie bei. Durch die Nahrungsaufnahme führen wir uns aus unserer Umgebung Energie von hoher Qualität zu und laden unseren Körper auf, indem wir ihre Ausbreitung in unsere Zellen betreiben, wo schon der nächste Schritt ihrer Qualitätsminderung vorbereitet ist: ein Wahrnehmungsakt, eine Handlung oder eine Erfindung. Jede Handlung ist Verfall, und jede Regeneration ist am allgemeinen Qualitätsverlust beteiligt.

In letzter Konsequenz sind Entscheidungen Anpassungsbewegungen der Atome von Molekülen in einer großen Zahl von Gehirnzellen. Diese Veränderungen haben den gleichen Ur-

Bei der mikroskopischen Erforschung des Lernprozesses wird untersucht, inwieweit die Synapsen des Gehirns durch dessen eigene Aktivität modifiziert werden.[28] Wie die Basisprozesse als Handlungen und Emotionen in die Welt kommen, wird in vielen Publikationen beschrieben.[29,32,33] Über das Geschehen in der kleinen Gruppe von Nervenzellen, die für die Kiemenretraktion verantwortlich sind (ich habe mich auf diese Aktivität einfach deshalb bezogen, weil sie untersucht worden ist), geben eingehende Analysen und Experimente Auskunft.[34] Bemerkenswert ist an dieser Art von Forschungsarbeit (über eine Schnecke), daß hier ein Nervensystem untersucht wurde, welches so einfach ist, daß es wie ein Computer in seine Bestandteile zerlegt werden kann. Die Rolle der einzelnen Teile und ihr Verdrahtungsplan läßt sich so bequem analysieren wie ein beliebiger Plan von Schaltelementen und Drähten.

Mit etwa zehn Jahren verfügen wir über ungefähr 10^{11} Neuronen. Sie werden nicht erneuert, wenn sie absterben (was eingetreten ist, wenn ihre Reaktionen aus irgendeinem Grund ausbleiben). Es heißt, jedes Glas Whisky vernichte 5000 Neuronen, die den 50000 hinzuzurechnen seien, die an diesem wie an jedem Tag ohnehin absterben würden.

sprung wie alle anderen Prozesse. Die Atome bewegen sich nicht, weil sie es wollen, sondern weil sie die Gelegenheit zur Exploration erhalten. Dabei laufen sie Gefahr, eingefangen zu werden, wenn Energie in die Welt entweicht und sich ausbreitet. Jede Veränderung im Zustand der Zellen und in ihren Verbindungen geht im Prinzip auf eine natürliche Tendenz zum Chaos zurück. Daß sich diese Aktivität ohne Grund, ohne Zweck und ohne Verstand in der Welt als Grund und Zweck manifestiert und die Basis unseres Verstandes ist, liegt ganz allein an der Komplexität ihrer Organisation. Wie Symphonien letztlich koordinierte Atombewegungen sind, so entsteht Bewußtsein aus Chaos.

Entscheidungen sind gebunden an die Prädisposition des Gehirns. Wie das Chaos in Gestalt des Handelns in die Welt kommt, hängt vom Vorbereitungsgrad der beteiligten Zellen ab. Welche Folgen es hat, den Zustand einer einzigen Zelle zu ändern, hängt von dem Zustand in den angrenzenden Zellen ab. Deshalb werden die Verzweigungen des Chaos, solange unsere Zellen überleben, von der Gesamtheit unserer persönlichen Geschichte kanalisiert. Daß Zellen die Aktivität des Gehirns an bestimmte Zellen unter Ausschluß anderer weiterleiten und dabei verändert werden, so daß später eintreffende Impulse, die möglicherweise aus den soeben erregten Zellen zurückkehren, in eine andere Richtung gelenkt werden, macht die Komplexität jener Organisation aus, die das Chaos, aus dem sie ihre Kraft gewinnt, in eine Ordnung zwingt.

Die Vererbung – durch Reaktionen übermittelte genetische Information – legt die Struktur des Gehirns und einen verbindlichen Schaltplan fest. Dieses Netzwerk wird durch Erfahrung – die lebenslange Sequenz der durch äußere Einflüsse provozierten Reaktionen – unablässig modifiziert und weiterentwickelt. Alter ist Zelltod und infolgedessen Verlust von Differenziertheit. Senilität ist abnehmende Koordination des beschriebenen Kreislaufs und infolgedessen die schwindende Fähigkeit des Gehirns, das zugrunde liegende Chaos in glänzende Leistungen umzuformen.

Solange wir unsere Zellen regenerieren können, indem wir uns in der Außenwelt konzentrierte Energie von hoher Qualität

beschaffen und einen Teil davon unseren Zellen zugänglich machen, läßt sich unsere Komplexität erhalten. Unter diesem wenig tröstlichen, aber realistischen Blickwinkel betrachtet, erweist sich das Leben also als Kampf (als Kampf, der letztlich nicht von Absicht, sondern von Ausbreitung bestimmt wird). Wir kämpfen darum, minderwertige Energie an die Umgebung loszuwerden und Energie von hoher Qualität aus ihr herauszuholen. In gewissem Sinne mindern wir die Qualität der Außenwelt, um die unseres Innenlebens zu steigern. Die Nahrungskette – Menschen essen Kühe, Kühe essen Gras, Gras ißt Berge und lebt von Sonne – ist im Laufe der Evolution als vielfältig verzahnter Ausbreitungsmechanismus entstanden. Es besteht keine Notwendigkeit, nach einem verborgenen Zweck Ausschau zu halten: Die Energie hat ihren Ausbreitungsprozeß fortgesetzt, und der hat zufällig Elefanten und erhabene Ideen hervorgebracht.

Noch ein Wort zum Schluß: Die einzigartige Fähigkeit des Gehirns liegt darin, daß es bis zu einem gewissen Grade seine Reaktionen auf äußere Umstände selbst kontrolliert. Wenn sich die Gelegenheit bietet, kann es sich für die Selbstvernichtung entscheiden, etwa wenn es verzweifelt ist oder zum Märtyrertum neigt. Oder wenn die Gelegenheit günstig ist, kann es die ihm innewohnenden Möglichkeiten verwirklichen, etwa in erkennenden oder kreativen Akten. Diese Neigungen resultieren aus dem vorgegebenen Zustand des Gehirns, aus seiner chemischen Zusammensetzung, wenn der Gedanke oder die Neigung auftaucht und in Handlung umgesetzt wird. Freier Wille ist lediglich die Fähigkeit zu entscheiden, und die Fähigkeit zu entscheiden ist nichts als das organisierte Wechselspiel wandernder Atome, die auf plötzliche Freiheit reagieren, wenn der Zufall sie zunächst mit der Energie für Explorationsbewegungen versorgt und sie dann durch den allgegenwärtigen Energieverlust in neuen Anordnungen festhält. Sogar die Willensfreiheit ist letztlich Verfall.

Zweite Orientierung

Wir haben gesehen, daß die Triebkraft aller Veränderung die natürliche Ausbreitung der Energie ist, ihr spontaner Zerfall in Chaos. Die Vielfalt der Welt, die Entstehung von Kunst und Kunstfertigkeit, von Meinungen und Theorien, läßt sich bis auf eine Ebene zurückverfolgen, auf der alle diese Erscheinungen nur miteinander verknüpfte Ausbreitungsphasen sind. Kreative Akte sind vorübergehende und örtlich begrenzte Siege über das Chaos, aber jeder Sieg wird von einem mächtigeren Sturm des Chaos an anderer Stelle aufgehoben. Alle Veränderung, Veränderung in allen ihren Formen, ist das Resultat weitverzweigter Verbindungen, die das Abspulen des Universums zufällig in unterscheidbare Ereignisse zerlegen. Hinter Meinungen und Taten gibt es nichts zu erklären außer der Auflösung jener Verbindungen, die das Natürliche und Verstehbare in das Unerwartete und Ausgefallene verwandeln. Letztlich gibt es nur das Chaos, keinen Zweck.

Ich möchte mich jetzt mit den Mechanismen der Ausbreitung beschäftigen und untersuchen, was die Orte auszeichnet, die von Atomen aufgesucht werden und zu denen die Energie im Zuge des universell verknüpften Abspulprozesses entweicht. Ich werde darzulegen versuchen, was die Bewegung der einzelnen Elementarteilchen bestimmt, und mich um eine Erklärung der Regeln bemühen, nach denen sich ihr Verhalten zu richten scheint. Ich werde zeigen, daß die Beschaffenheit der Dinge ihr Geschick bestimmt. Das wird uns die unendliche Faulheit des faulen Schöpfers noch deutlicher vor Augen führen, weil daraus ersichtlich wird, wie die Gewährung absoluter Freiheit zu Einschränkungen führt. Ich werde zu beweisen versuchen, daß man durch bloßes Gewähren absoluter Freiheit zu scheinbar regelgesteuertem Verhalten gelangt.

Wir werden sehen, daß wir nur das Offensichtliche zur Kenntnis zu nehmen brauchen, um zur grundlegenden Beschaffenheit von Licht und Materie zu gelangen. Wir werden dem Geheimnis von Raum und Zeit sowie ihrer Verschmelzung zur Raumzeit auf die Spur kommen. Wir werden erleben, wie sich die elementare Beschaffenheit von Energie, Kraft und Teilchen als Eigenschaften von Raum und Zeit entpuppt. So werden wir das Wesen und die besonderen Eigenschaften der Zeit zu verstehen beginnen und die Welt etwas deutlicher in den Blick bekommen.

«Wer die Welt vernünftig ansieht…

...den sieht auch sie vernünftig an. Beides ist in Wechselbestimmung.» – Hegel in seinen Vorlesungen über die Philosophie der Geschichte.

Vernünftige Wechselbeziehungen sind das Erfolgsrezept für die meisten Bereiche unseres Lebens – nicht zuletzt auch für das Anlegen von Geld.

Wie Dinge sich verändern

Um Begriffe wie «Gedränge» und «Energiebündel» zu verstehen, müssen wir das Verhalten einzelner Einheiten, von Atomen und Molekülen zum Beispiel, betrachten. Wir müssen feststellen, wodurch die Bewegungsrichtung eines Moleküls in einem Gas bestimmt wird und wodurch die Richtungsänderungen bei einer Kollision festgelegt werden. Das sind Probleme der Mechanik. Es gibt zwei große Systeme der Mechanik: die *klassische Mechanik* und die *Quantenmechanik*. Erstere war eine große Leistung des menschlichen Intellekts (Newtons vor allem), die wesentlich zur Entstehung der theoretischen Physik beitrug. Aber sie ist nur eine Annäherung und wurde von der Quantenmechanik ersetzt, weil diese die Eigenschaften der Materie gegenwärtig am genauesten beschreibt. Wir werden noch sehen, wie die beiden Systeme zusammenhängen.

Ich möchte jetzt zeigen, daß das Verhalten der Dinge von ihrer Beschaffenheit bestimmt wird und daß die Grundbeschaffenheit sehr einfacher Dinge, sogar unbeseelter Dinge, ausreicht, ihr Verhalten zu bestimmen, ohne daß dazu irgendwelche Regeln erforderlich wären. Dinge in der Größenordnung von Atomen und Elektronen können keine Entscheidungen treffen, sondern müssen sich entsprechend ihrer Grundbeschaffenheit verhalten: Was die Dinge sind, entscheidet auch im atomaren Bereich darüber, wie die Dinge sind. Ein unendlich fauler Schöpfer würde sich die genaue Festlegung von Regeln ersparen, wenn sich allein aus der Beschaffenheit eines Gebildes dessen Verhalten ergeben würde. Nehmen wir einmal an, daß dies möglich ist und daß der faule Schöpfer diese Möglichkeit genutzt hat. Als Voraussetzung möchte ich nur nennen, daß alles geschieht, was nicht ausdrücklich verboten ist, und verboten soll gar nichts sein.

Wir haben gesehen, daß der Strom der Ereignisse im Universum eine Kette eng verflochtener Schritte ist, in denen sich die Ausbreitung der Energie vollzieht. Im einzelnen geschieht dies durch Verlagerung von Atomen, durch Beschleunigungen, Kollisionen und so fort. In diesem Kapitel werde ich diese Schritte genauer betrachten und untersuchen, wie eine Spezies auf benachbarte Arten reagiert und einwirkt. Im zweiten Kapitel gelangten wir zu größerer Einfachheit, indem wir auf jeden Zweck verzichteten; jetzt werden wir noch einen Schritt weitergehen und auf die Notwendigkeit verzichten, Regeln festzulegen. Dinge verhalten sich, Regeln sind unser Kommentar dazu.

Nach der absoluten Natur der Dinge zu suchen ist eine Möglichkeit, das Geheimnis der Schöpfung zu ergründen. Dabei ziehen wir mehr Nutzen aus der Hypothese, daß die Beschaffenheit eines Dinges sein beobachtetes Verhalten bestimmt, wenn wir sie auf den Kopf stellen. Mit anderen Worten: Ich gehe davon aus, daß sich die Grundbeschaffenheit der Dinge an ihrem Verhalten ablesen läßt. Wenn wir also am Verhalten eines Dinges ein stets wiederkehrendes Merkmal beobachten, dann müßten

Aus wissenschaftlicher Sicht entpuppen sich hier – wie so oft – scheinbar qualitative als bloß quantitative Unterschiede. Während Licht sich ganz anders auszubreiten scheint als Schall, gleichen sie sich im Prinzip, zeigen ihre Verwandtschaft aber auf einer tieferen Ebene, als man vermuten könnte. Das wird im folgenden noch auszuführen sein.

Die geradlinige Ausbreitung des Lichts ist ein Aspekt des *Fermatschen Prinzips des kürzesten Lichtweges.*[35] Wir werden später noch anderen *Extremalprinzipien* begegnen und sehen, daß dies ein Sonderfall ist.

wir etwas Entscheidendes, einen entscheidenden Aspekt des Dinges selbst erkannt haben.

Deshalb wollen wir uns im Universum umsehen, uns an ein paar offensichtliche Dinge halten und nach den einfachsten Regeln suchen, die ihr Verhalten bestimmen. Als nächstes müssen wir dem besonderen Merkmal auf den Grund kommen. Einmal erkannt, wird uns diese Besonderheit ermöglichen, die Regeln zu erklären und letztlich auf sie zu verzichten. Sobald das geschehen ist, haben wir eine weitere überflüssige Komplikation eliminiert.

Der nächstliegende Ausgangspunkt ist eine Beobachtung, die die wichtigste Form unserer Kontaktaufnahme mit der Welt und dem Universum betrifft: die Beobachtung, daß wir sehen können.

Wie wir alle wissen, bewegt sich Licht geradlinig fort. Wenn es um Ecken biegen könnte, wäre die Welt schwerer zu erkennen. Das Sehen würde mehr dem Hören ähneln. Wir würden überflutet von einer Farbsymphonie, die ausgehen würde von vage zu ortenden, aber nur unscharf erkennbaren Objekten. Eine Nacht würde es nicht geben; die Symphonie wäre endlos.

Doch die Behauptung, Licht bewege sich geradlinig fort, ist nicht ganz richtig. Sie widerspricht der Beobachtung. An den Grenzen verschiedener Medien wird Licht gebeugt. Das Bein, das man ins Badewasser taucht, sieht gebrochen aus, obwohl es ganz heil ist. Eine Linse beugt das Licht und ist so geformt, daß sie das Bild auf einem Film oder in einem Auge fokussiert. Wir müssen deshalb eine Regel finden, die beides berücksichtigt – die Geradlinigkeit des Lichts, wenn das Medium einheitlich ist, und die Beugung des Lichts, wenn es aus einem Medium in ein anderes tritt.

Die Regel, die beiden Sachverhalten gerecht wird, zeichnet sich durch elegante Einfachheit aus (wie alle akzeptablen Regeln vor ihrer Eliminierung): Das Licht nimmt den Weg, der am wenigsten Zeit kostet.

Diese knappe Regel liefert eine einleuchtende Erklärung für die Bewegung des Lichts durch die Luft oder durch irgendein anderes einheitliches Medium, weil eine gerade Linie der am schnellsten zurückzulegende Weg für jeden Punkt ist, der sich

In der Erörterung geht es im wesentlichen um Fermats Bearbeitung des Snelliusschen Brechungsgesetzes, demzufolge der Quotient aus dem Sinus des Einfallwinkels und dem Sinus des Brechungswinkels gleich dem Quotienten aus den Wellenausbreitungsgeschwindigkeiten in den beiden Medien ist. Versuchen Sie einmal, die Bahnkurve zu berechnen, die zwischen einem bestimmten Punkt, an dem Sie sich mit Ihrem Liegestuhl am Strand befinden, und einer bestimmten Position eines Ertrinkenden liegt. Die Komplexität dieser Berechnung (oder zumindest die Zeit, die Sie benötigen, um zu einem numerischen Ergebnis zu gelangen) unterstreicht die Tatsache, daß Licht, wenn nicht einen natürlichen Instinkt, so doch zumindest eine spezifische charakteristische Eigenschaft haben muß.

mit gleichförmiger Geschwindigkeit fortbewegt. Die Regel erklärt auch die Lichtbeugung beim Übergang in ein anderes Medium. Licht breitet sich in unterschiedlichen Substanzen mit unterschiedlichen Geschwindigkeiten aus. Die Gerade ist nach einem solchen Übergang nicht mehr der am wenigsten Zeit kostende Weg. Wir können uns das verständlich machen, wenn wir uns vorstellen, wir wollten einen Ertrinkenden retten.

Nehmen wir an, der Ertrinkende befände sich im Meer, und wir hielten uns am Strand auf. Auf welchem Weg gelangen wir in der kürzesten Zeit zu ihm, wenn wir berücksichtigen, daß wir schneller laufen als schwimmen können? Eine Möglichkeit besteht darin, daß wir als Weg die Gerade wählen, die die kürzeste Verbindung zwischen unserem Liegestuhl und dem Ertrinkenden im Wasser ist. Einen Teil der Strecke würden wir laufen, einen Teil schwimmen müssen. Andererseits könnten wir am Wasser entlang bis zu dem Punkt laufen, der dem Ertrinkenden direkt gegenüberliegt, um erst von dort aus zu schwimmen. Damit legen wir zwar eine größere Entfernung zurück, sind aber möglicherweise rascher dort, wenn wir sehr viel schneller laufen als schwimmen können. Durch Probieren oder mittels der Trigonometrie würden wir herausfinden, daß wir die wenigste Zeit für einen Weg brauchen würden, der uns in einem bestimmten Winkel über den Strand führen, dann seine Richtung ändern und uns – nun in einem anderen Winkel – in gerader Linie durch das Wasser zu unserem Ziel bringen würde (wenn es dann nicht schon zu spät wäre). Genauso verhält sich Licht, wenn es in ein dichteres Medium eintritt.

Aber woher weiß das Licht schon im voraus, welcher Weg am wenigsten Zeit kostet? Was liegt ihm überhaupt daran? Es scheint doch nur eine Möglichkeit zu geben, den Weg ausfindig zu machen, der am schnellsten zu einem Ziel führt: alle möglichen Wege auszuprobieren und nach der richtigen Wahl alle Spuren dieser Versuche auszulöschen. Etwas in der Beschaffenheit des Lichts muß dafür sorgen, daß es alle Wege ausprobiert und dann alle bis auf denjenigen, der die geringste Zeit in Anspruch nimmt, eliminiert.

Diese entscheidende Eigenschaft ist, daß Licht sich wellenförmig ausbreitet. Sobald wir uns das klargemacht haben, erge-

Eine Lichtwelle ist eine elektromagnetische Welle, eine Folge von Wellenbergen und -tälern eines elektrischen und magnetischen Feldes.[36] Es hängt von der Wellenlänge ab, was für eine Farbe wahrgenommen wird. Sichtbares Licht liegt im Wellenlängenbereich von 4×10^{-7} m (violett) bis 7×10^{-7} m (rot). Diese Wellenlängen sind gerade noch vorstellbar: 10×10^{-7} m ist ein tausendstel Millimeter, ein Maß, das unser Verstand noch zu fassen vermag.

Diesen Absätzen liegt das *Interferenzprinzip* zugrunde. Interferenz zwischen Wellen kann entweder *Verstärkung* oder *Auslöschung* bewirken. Bei verstärkender Interferenz überlagern sich die Amplituden verschiedener Wellen dergestalt, daß sie zu einer Zunahme der Gesamtamplitude führen: Die Überlagerung hat eine große Amplitude. Bei auslöschender Interferenz dagegen interferieren die Amplituden dergestalt, daß sich die Gesamtamplitude verkleinert. Das läßt sich auf der Oberfläche eines Teiches beobachten, nachdem man zwei Steine ziemlich nahe beieinander ins Wasser geworfen hat: Dort, wo die konzentrischen Kreise sich überschneiden, verstärken sie sich oder löschen sich aus.

ben sich alle anderen Eigenschaften des Lichts von selbst: Es kann gar nicht anders, als den Weg zu nehmen, der am wenigsten Zeit kostet.

Eine Welle ist eine Schwingung, eine Folge von Bergen und Tälern. Zwei oder mehr Störungswellen können sich im selben Bereich ausbreiten. Wenn zufällig die Berge des einen Wellenzugs mit den Tälern des anderen zusammenfallen, haben sie die Neigung, sich aufzuheben, und ein Beobachter stellt eine Abnahme der Störung fest oder ihr völliges Verschwinden, wenn sich die Wellenzüge vollständig aufheben. Das ist im Grunde genommen alle Information, die wir brauchen, um zu verstehen, wie die besondere Eigenschaft des Lichts sein Geschick bestimmt.

Wir gehen davon aus, daß Dinge geschehen, wenn sie nicht ausdrücklich verboten sind, und daß sich ein unendlich fauler Schöpfer nicht die Mühe macht, etwas zu verbieten. Stellen wir uns also einen Lichtstrahl vor, der auf Umwegen von A nach B gelangt. *Wir* wissen, daß Licht sich so nicht ausbreitet, aber das Licht weiß es nicht. Wenn dieser Weg zulässig ist, dann auch einer, der an den ersten angrenzt. Also schlägt das Licht auch diesen Weg ein. Während das Licht, das sich den ersten Weg entlangschlängelt, B unter Umständen mit einem Wellenberg erreicht, mag das Licht auf dem zweiten Weg mit einem Wellental dort eintreffen – oder mit irgendeinem Punkt zwischen Berg und Tal. Viele Wege grenzen an den ersten an. Ein Beobachter in B sieht die Gesamtstörung, hervorgerufen durch die Wellen, die alle diese Wege erkunden: Viele treffen in B mit Wellentälern ein, viele mit Bergen und viele mit all den möglichen Punkten dazwischen. Folglich ist die Gesamtstörung in B gleich Null, weil es für jede Welle eine Nachbarwelle gibt, die für die Auslöschung beider sorgt. Mit anderen Worten: Wenn sich Licht beliebig ausbreiten darf, scheint es sich überhaupt nicht ausbreiten zu können. Trotzdem breitet es sich aus. Ein Schritt in meinen Überlegungen war vorschnell. Denken wir an den Strahl, der zufälligerweise geradlinig von A nach B gelangte. Stellen wir uns jetzt einen benachbarten Weg und den ihn einschlagenden Strahl vor. Bei großer Nähe der beiden würde der zweite ein Tal bei B haben, wenn der erste dort ein Tal hätte, und

Bei kurzen Wellenlängen können selbst kleine Bahnveränderungen tiefgreifende Interferenzveränderungen bewirken. Kurze Wellenlängen wirken also wie ein Vergrößerungsglas, sie machen aus kleinen Bahnverschiebungen große Interferenzveränderungen. Das heißt, nur Bahnen, die einer geraden Linie weitgehend angenähert sind, entgehen der Auslöschung durch Interferenz, wenn die Wellen kurz sind. Umgekehrt hängt die Interferenz bei großer Wellenlänge nur in geringem Maße von der Bahn ab.

Die Wellenlänge des Tons c" beträgt 1,3 m, vergleichbar der durchschnittlichen Größe von Hindernissen in geschlossenen Räumen. Nun ist der Schall allerdings keine elektromagnetische, sondern eine Druckwelle, doch die Überlegungen, die der Ausbreitung des Lichts galten, treffen (von Einzelheiten abgesehen) auch auf die Schallausbreitung zu.

Die Verlangsamung des Lichts beim Eintritt in ein dichteres Medium ist ein Ergebnis der Wechselwirkung zwischen dem elektromagnetischen Feld des Lichtstrahls und den Molekülen, die das Medium bilden. In gewisser Hinsicht müssen wir das in unserem Gedankengang ebenso berücksichtigen wie die Wellennatur des Lichts. Doch das geschieht automatisch, wenn wir das Universum als Ganzheit betrachten. Eine Linse läßt sich als ein dichtes Medium verstehen, das so geformt ist, daß es die gewünschte Interferenz zwischen den ihn durchquerenden Lichtstrahlen herstellt und sie durch Beugung in einen geeigneten Brennpunkt lenkt.

einen Berg, wenn der erste dort einen Berg hätte. Es gibt eine große Menge fast geradliniger Wege von A nach B, und sie alle verursachen Störungen in B, die sich nur wenig von der durch den geradlinigen Weg hervorgerufenen Störung unterscheiden. Infolgedessen löschen sich diese Wege nicht aus, und der Beobachter in B sieht das Licht. Er beobachtet, daß sich das Licht in geraden oder fast geraden Linien auf ihn zubewegt.

In welchem Ausmaß die fast, aber nicht ganz geraden Strahlen zur Gesamtstörung in B beitragen, hängt von ihrer Wellenlänge (dem Abstand zwischen aufeinanderfolgenden Gipfeln) ab. Sind die Wellen kurz, überleben nur Strahlen, die der Geradlinigkeit entsprechend nahe kommen. Alle anderen fallen ihren Nachbarn zum Opfer. Mit zunehmender Wellenlänge werden die Wellen widerstandsfähiger, die Fähigkeit der Nachbarn, sie auszulöschen, nimmt ab. Dann bleiben sogar ziemlich gekrümmte Wege erhalten und können ihre Störung ins Ziel bringen. Deshalb können Radiosendungen (die durch Langwellen übertragen werden) Häusern ausweichen, und aus dem gleichen Grund können wir nicht um die Ecke sehen. Aber wir können um die Ecke hören. Schallwellen sind lang.

Die Wellennatur des Lichts erklärt, warum es sich zwangsläufig geradlinige Wege suchen muß. Doch das gilt nur für gleichförmige Medien wie die Luft. Wenn Licht aus einem Medium in ein dichteres übertritt, breitet es sich langsamer aus. Infolgedessen verändern sich die Positionen seiner Wellenberge und -täler. Noch immer erkundet es alle möglichen Wege, aber nun ist nicht mehr die geometrische Gerade der Weg ohne Nachbarn, die vernichten. Der Weg, der jetzt erhalten bleibt, knickt durch die Verlagerung der Berge und Täler am Berührungspunkt der Medien ab. Nur zufällig ist der erhaltene Weg auch der am schnellsten zurückzulegende. Die Regel erweist sich also als irreführender Kommentar einer tieferen Ziellosigkeit. Automatisch entdeckt das Licht die kürzesten Wege durch das Ausprobieren aller Wege, und automatisch löscht es die Spuren seiner Erkundungen. Uns stellt sich das als ein Verhalten dar, das wir in einer Regel zusammenfassen.

An diesem Beispiel sehen wir, wie perfekt die Freiheit sich selbst Einschränkungen auferlegt. Abgesehen davon, daß alle

Das Prinzip des kürzesten Lichtweges ist ein Beispiel für ein «Extremalprinzip». Auch die klassische Teilchenmechanik läßt sich durch ein Extremalprinzip ausdrücken, durch das *Prinzip der kleinsten Wirkung*.[35,37] Das Prinzip wurde von dem französischen Physiker und Mathematiker Maupertuis aufgestellt (1744 in etwas unklarer Form) und war ein Versuch, die Mechanik mit einem theologischen Fundament auszustatten, wobei die Begründung (wie so viele Begründungen von Minimalprinzipien) lautete, die Vollkommenheit Gottes dulde nur einen minimalen Aufwand an Wirkung.[35] Ich finde es amüsant, daß der Schwanz dieses Argumentes heute den Hund zur Welt hinausgewedelt hat.

meine bislang zur Diskussion gestellten Argumente und Überlegungen beobachtetes Verhalten erklären, stehen sie auch im Einklang mit dem gesunden Menschenverstand, der uns sagt, daß unbeseelte Dinge von Natur aus einfach sind. Damit sind wir der Ansicht, daß beseelte Dinge, da von Natur aus unbeseelt, auch von Natur aus einfach sind, wieder einen Schritt näher gekommen.

Im nächsten Schritt der Darstellung gilt es, eine ähnliche Beobachtung zur Kenntnis zu nehmen. Zwar geht es um eine andere Sache, aber da das Verhalten ähnlich ist, dürfen wir vermuten, daß auch die Erklärung ähnlich ist. Die Rede ist von Materieteilchen, die sich ebenfalls geradlinig fortbewegen, wenn keine Kraft auf sie einwirkt. Warum?

Nach unserer Prämisse tun sie es, weil es ihrer besonderen Beschaffenheit entspricht. Aber welcher Art ist eine Beschaffenheit, die ein solches Verhalten bestimmt? Es muß der Umstand sein, daß Teilchen sich als Wellen fortbewegen.

Mit einem einzigen Sprung, der in den Grenzen des gesunden Menschenverstands bleibt, sind wir von der altmodischen Physik Newtons zur modernen Theorie der Materie, der Quantentheorie, gelangt, die die Eigenschaften von «Teilchen» und «Welle» für untrennbar hält. Viele Menschen empfinden die Lehren der klassischen Physik als einleuchtend und vermögen die Quantentheorie, da sie ihnen fremd ist, nicht mit gesundem Menschenverstand in Einklang zu bringen. Nach meiner Ansicht spricht jedoch der gesunde Menschenverstand für die Gegenposition und zwingt uns, die Quantentheorie an Stelle der klassischen Physik anzuerkennen. Ich behaupte, die vertrauten, kaum hinterfragten Elemente der klassischen Physik verstellen in Wahrheit den Blick auf ihre Unverständlichkeiten; brauchbar ist sie allenfalls als Kommentar und Rechenweise. Bei näherem Hinsehen erweisen sich die Erklärungen der klassischen Physik als unhaltbar, als oberflächliche Täuschungen wie Filmkulissen.

Zur Quantentheorie gehört zwar weit mehr als die Behauptung, daß Teilchen Wellencharakter haben, aber sie bildet den Kern der Theorie und steht auch im Mittelpunkt der Überlegungen dieses Abschnitts. Zunächst werde ich die Regel entwik-

Den Übergang von der klassischen Mechanik zur Quantenmechanik hat R. P. Feynman an Hand der Analogien zwischen dem Prinzip des kürzesten Lichtweges in der Optik und dem Prinzip der kleinsten Wirkung in der Mechanik eingehend dokumentiert.[38,39]

keln, der die klassische Teilchenmechanik unterworfen zu sein scheint, und dann nach einer Erklärung suchen.

Die Regel, nach der sich Teilchen auszubreiten scheinen, ist bestechend bündig und deshalb – wie die Regel, die anscheinend die Ausbreitung des Lichts bestimmt – mit Vorsicht zu behandeln: Teilchen folgen auf dem Weg von A nach B Bahnen, die dem Prinzip der kleinsten Wirkung gehorchen. Kümmern wir uns nicht um die terminologische Bedeutung des Wortes Wirkung. Für unsere Zwecke reicht es völlig, wenn wir das Wort in seiner alltäglichen Bedeutung verwenden. Wenn das Teilchen keiner Krafteinwirkung ausgesetzt ist, ist der Weg der geringsten Wirkung gleichförmig und geradlinig – ohne Beschleunigung und ohne Umwege.

Woher weiß nun aber ein Teilchen, ohne es ausprobiert zu haben, welcher der unzähligen möglichen Wege von A nach B dem der geringsten Wirkung entspricht? Und warum sollte es sich an ihn halten?

Sobald wir uns auf den Standpunkt stellen, daß Teilchen sich in der gleichen Weise ausbreiten wie Wellen, erledigen sich beide Fragen auf Grund der gleichen Argumente wie im Falle des Lichts. Die besondere Beschaffenheit der Teilchen, ihr Wellencharakter, sorgt dafür, daß sie sich geradlinig, nachdem Gesetz der geringsten Wirkung bewegen, weil alle anderen Wege, die sie selbstverständlich erkunden können, automatisch eliminiert werden. Teilchen wie Mäuse und Menschen erscheinen im Normalfall nicht als Wellen, weil ihre Wellenlänge unterhalb der Wahrnehmungsschwelle liegt. Trotzdem hat ihre Ausbreitungsweise Wellencharakter, und diese Eigenschaft liefert Erklärungen, die den Rahmen der klassischen Physik sprengen.

Das bisher Gesagte erklärt geradlinige Bewegungen, denn solche Wege bleiben erhalten, wenn keine Kräfte im Spiel sind. Andererseits wissen wir, daß gekrümmte Bahnen und beschleunigte Bewegungen entstehen, wenn Kräfte einwirken. Doch was sind Kräfte? Auf der Suche nach einer Antwort betrachten wir zunächst die Schwerkraft, denn die Gravitation liefert den Rahmen, innerhalb dessen andere Kräfte ihre Wirkung entfalten.

Die geraden Linien der gekrümmten Raumzeit sind ihre *geodätischen Linien*. Damit geraten wir auf das Gebiet der allgemeinen Relativitätstheorie.[40–42]

Teilchen breiten sich in der Raumzeit aus demselben Grund auf geodätischen Linien aus, wie sie sich im normalen (aber nicht vorhandenen!) euklidischen Raum auf geraden Linien bewegen. Interessant ist, daß eine zeitabhängige geodätische Linie in der Raumzeit räumlich den *größten*, nicht den kleinsten Abstand darstellt; trotzdem gelten dieselben Gesetze.

Auf eine knappe Formel gebracht, ist Schwerkraft gekrümmte Raumzeit. Wenn wir das verstanden haben (und ich werde mich gleich darum bemühen, es verständlich zu machen), haben wir die Gravitation als eigenständigen Begriff praktisch aufgehoben; er taugt dann allenfalls noch für Gespräche und Berechnungen. Eliminierung ist die beste Erklärung, denn sie bedeutet ein Stück weniger Schöpfung.

Klammern wir in der Raumzeit einen Moment lang die Zeit aus und betrachten wir nun den Raum. Dann bedeutet gekrümmter Raum, daß Linien, die wir als gerade wahrnehmen, etwas anderes sind als wirklich gerade Linien. In gewissem Sinne wird unsere Wahrnehmung gebeugt; Vertrautheit ist also noch für eine weitere Täuschung verantwortlich. Anstatt zu erklären, warum Teilchen unter Einwirkung der Schwerkraft von ihren geradlinigen Bahnen abweichen, möchte ich deshalb eine elegante Alternative vorschlagen: Wir stellen uns auf den Standpunkt, daß Teilchen in jedem Falle geraden Linien folgen, aber daß uns diese Bahnen gekrümmt erscheinen.

Dieser Perspektivenwechsel mag sich zwar nach einer philosophischen Spitzfindigkeit anhören, bedeutet tatsächlich aber eine große Vereinfachung. Ein solcher Wechsel des Standpunktes ist absolut legitim: Wissenschaft ist die Suche nach der einfachsten Sehweise – einer Sicht, die jede komplizierte Erklärung überflüssig macht und durch die sich alle weiteren Fragen erübrigen. Da wir jetzt wissen, daß Teilchen infolge ihrer besonderen Beschaffenheit geraden Linien folgen, haben wir einen Punkt weniger zu erklären. Dinge – Teilchen, Licht, Menschen, Planeten und Sterne – folgen *in jedem Falle* geraden Linien. Das liegt in ihrer Natur. Wir, die Beobachter und Kommentatoren, müssen jedoch unsere selbstgeschaffene Vorstellung von Geradlinigkeit verändern.

Trotzdem scheinen wir mit dem Konzept vom gekrümmten Raum noch nicht ans Ziel zu gelangen. Beispielsweise wissen wir, daß sich Planeten in mehr oder minder kreisförmigen Umlaufbahnen um die Sonne bewegen, und der Raum dürfte sich kaum so krümmen lassen, daß gerade Linien als Kreise erscheinen. Außerdem wissen wir, daß sich Dinge unter dem Einfluß der Schwerkraft beschleunigen. Wenn wir uns über die Ge-

Das Gravitationsfeld der Sonne braucht genau ein Jahr, um eine gerade Linie als Kreis mit dem Durchmesser der Erdumlaufbahn erscheinen zu lassen.

Das Wesen der Zeit ist natürlich unter den verschiedensten Gesichtspunkten erörtert worden, die mal theologisch, mal philosophisch und mal nützlich waren. Für den interessantesten Beitrag in jüngerer Zeit halte ich das Buch von G. J. Whitrow[43], das sich mit zahlreichen Aspekten der Zeit beschäftigt, unter anderem der menschlichen Zeit, der biologischen Zeit, der mathematischen und der kosmischen Zeit.

Der Kunstgriff, die Wiedergabe von Nord-Süd- und Ost-West-Entfernungen durch unterschiedliche Maßeinheiten als Analogie für die Einbeziehung der Zeit zu benutzen, beruht auf der Weiterentwicklung eines Gedankens, den ich übernommen habe.[44] Der tiefere Sinn dieser Umwandlung liegt darin, daß sie uns zum Begriff und zur Definition von «Entfernung» führt.

schwindigkeit Gedanken machen wollen, müssen wir uns auch Gedanken über die Zeit machen – Positionen können ohne Zeit auskommen, aber Geschwindigkeiten bedürfen der Zeit. Sobald die Zeit ins Spiel gebracht wird und sobald Raum und Zeit zur Raumzeit verschmolzen werden, haben wir es nicht nur mit Geschwindigkeiten zu tun, sondern es bleibt uns auch genügend Spielraum, um geradlinige Bewegungen in kreisförmige Bahnen umzubiegen. Mit anderen Worten: Die Beobachtung, daß Planeten und Satelliten sich in annähernd kreisförmigen Bahnen bewegen, zwingt uns, Raum und Zeit als Einheit zu sehen. Das Bemühen, das Offensichtliche zu erkennen, hat uns zu einer weiteren Synthese geführt.

Aber was ist mit der Verschmelzung von Raum und Zeit gemeint? Die Vereinigung muß ein recht komplizierter Vorgang sein, bringt sie doch Bereiche zusammen, die uns äußerst verschieden erscheinen.

Räumliche Ausdehnung können wir sehen, umkreisen, auf den Kopf stellen und abermals betrachten. Die Zeit dagegen scheint nur in unserem Bewußtsein zu existieren, wir sind nicht in der Lage, sie anzuhalten. Während wir Gegenstände im Raum ergreifen können, hält die Zeit uns in ihrem Griff. Zeit scheint innerlich, Raum äußerlich zu sein.

Auch unabhängig vom Bewußtsein unterscheidet sich Zeit von Raum. Zwar bezeichnen die Menschen sie als vierte Dimension, doch ist sie nicht einfach eine vierte Dimension des Raumes. Während wir uns die Zeit als eine separate Dimension vorstellen könnten, ist Raumzeit nicht bloß ein um eine Dimension erweiterter Raum. Der entscheidende Unterschied zwischen Zeit und Raum ist die Art ihrer Verschmelzung, kurz, ihre Geometrie.

Die Vielfalt des Daseins schrumpft zur geometrischen Besonderheit. Welcher Art sie ist, können wir uns mit Hilfe folgender Analogie klarmachen: Stellen wir uns zunächst den Raum allein vor. Nehmen wir an, infolge einer Laune der Geschichte hätten wir die Gewohnheit, Ost-West-Entfernungen in Meilen und Nord-Süd-Entfernungen in Kilometern zu messen. Wie beschwerlich wäre es unter solchen Umständen, die Entfernung zwischen dem eigenen Standort und einem Punkt im Nord-

Der genaue Wert von c ist $2{,}997925 \times 10^8$ m s^{-1}. Mit meiner Feststellung, es sei irreführend, ihn als Lichtgeschwindigkeit zu bezeichnen, will ich darauf hinweisen, daß er die Grenzgeschwindigkeit für die Ausbreitung eines jeglichen Signals (oder Objekts) ist. Er hat nur zufälligerweise über die elektromagnetische Theorie Eingang in die Physik gefunden. Also jedes Signal, das durch masselose Teilchen (etwa Photonen im Elektromagnetismus, Gravitonen in der Gravitation oder Neutrinos) übermittelt wird, breitet sich mit der gleichen Geschwindigkeit c aus.

osten auszudrücken (und wie lange würde es dauern, dorthin zu fahren)! Die Menschen wären wohl auch sehr verblüfft, wenn sie herausfinden würden, daß der Radius eines Kreises Schwankungen von 1 Meile bis zu 1,6 Kilometern unterworfen wäre. Sicherlich würden sie glauben, diese Beobachtung müsse einen ganz wesentlichen Hinweis auf die Beschaffenheit des Universums liefern.

Die Schwierigkeiten würden fortfallen, wenn jemand vorschlüge, Meilen in Kilometer umzurechnen. Sobald alle Ost-West-Entfernungen in Kilometer umgewandelt wären, würde man feststellen, daß der Radius eines Kreises richtungsunabhängig ist, würden Nord-Süd- sowie alle anderen Entfernungen höchst einfache Gestalt annehmen, und Pythagoras könnte seinen Lehrsatz $d^2 = x^2 + y^2$ ohne jedes Problem aufstellen. Die Schwierigkeit bei der geometrischen Beschreibung der Welt entfällt, wenn alle Abstände, gleich welcher Richtung, in gleichen Einheiten ausgedrückt werden.

Ganz gewiß aber gäbe es noch Wissenschaftler und nicht wenige Philosophen, die weiterhin versuchen würden, den Ursprung des magischen Umwandlungsfaktors zu erklären, und die der Überzeugung wären, sein Wert – 1,609 344 km pro Meile – nähme einen zentralen Platz unter den erklärungsbedürftigen Eigenschaften des Universums ein. Wir wären in einer Sackgasse, wenn wir Einsicht von Elementen erwarten würden, die der Mensch ins Spiel gebracht hat. Einsicht kann nur aus ihrer Eliminierung erwachsen.

Haargenau die gleiche Form von Vereinfachung findet statt, wenn die Einheiten der Zeit mit den Einheiten des Raums in Übereinstimmung gebracht werden. Alles, war wir brauchen, ist ein Faktor, der Sekunden in Kilometer verwandelt, der angibt, wie viele Kilometer wir pro Sekunde rechnen müssen. Mit anderen Worten: Wir brauchen eine Geschwindigkeit. Der Faktor, der diese Bedingung erfüllt, insofern er mit den Beobachtungen übereinstimmt, hat einen Wert von ungefähr 300 000 Kilometern pro Sekunde, eine Größe, die mit dem Buchstaben *c* bezeichnet und irreführenderweise Lichtgeschwindigkeit genannt wird.

Würde die Zeit in Kilometern angegeben werden, entstünden

Ein allgemein übliches Entfernungsmaß ist das Lichtjahr. Einerseits bedeutet es die Entfernung, die das Licht in einem Jahr zurücklegt (und entspricht $9{,}46 \times 10^{15}$ m oder 9,46 Billionen km). Die Sonne ist 8,3 Lichtminuten entfernt, der nächstgelegene Stern, Proxima Centauri, ungefähr 4,27 Lichtjahre und die nächste Milchstraße, der Andromedanebel, ungefähr 2,25 Millionen Lichtjahre. Andererseits bedeutet das Lichtjahr, daß man Abstände durch eine zeitabhängige Einheit ausdrückt (mit anderen Worten, daß man das Gegenteil dessen tut, was lange Zeit üblich war: die vom Menschen geschaffenen Einheiten können in der einen wie in der anderen Dimension festgelegt werden, beides ist gleich zulässig und gleich vernünftig).

Die Beobachtung, daß die Lichtgeschwindigkeit von der Bewegung des Beobachters unabhängig ist, verdanken wir dem berühmten Michelson-Morley-Experiment, das damit eines der wichtigsten negativen Resultate in der Geschichte der Wissenschaft lieferte.[43,45] Das andere wichtige Negativ-Ergebnis war die Unmöglichkeit, Unterschiede zwischen träger und schwerer Masse zu beobachten, wie geschehen in den Experimenten von Eötvos und Roll, Krotkov und Dicke. Dieser Fehlschlag darf als Ursprung der allgemeinen Relativitätstheorie gelten.[8,42]

Ich schlage vor, die Zeichen $(+,+,+,-)$ in $(+)x^2 + y^2 + z^2 - (ct)^2$ als die *metrische Signatur* des Raums zu bezeichnen. Die Signatur der euklidischen Geometrie im vierdimensionalen Raum wäre $(+,+,+,+)$.

daraus viele Nachteile, etwa riesige Zahlen auf den Zifferblättern der Uhren. Oder befremdliche Äußerungen wie «Du kommst 90 Millionen Kilometer zu spät»; der große Nutzen des Verfahrens liegt in der eleganten Einfachheit der Entfernungsmessung und der Kurvenbeschreibung.

Wenn wir *c* lediglich als einen Umwandlungsfaktor für von Menschen ersonnene Maßeinheiten verstehen, stellt sich natürlich die Frage, warum die Lichtgeschwindigkeit zufällig den gleichen Zahlenwert hat. Die Antwort wird sich aus der Untersuchung eines anderen Aspekts ergeben.

Da der Faktor *c* eine Maßeinheit in eine andere umwandelt, leuchtet ein, daß jeder Beobachter ihm denselben Wert zumessen wird. Unabhängig davon, wo man sich befindet oder was man tut, muß der Umwandlungsfaktor gleichbleiben. Jeder Beobachter muß ungeachtet der eigenen Bewegung auf den gleichen Wert für *c* kommen.

Mit der Einführung der Konstante *c* in die Physik kam es zur zweiten wissenschaftlichen Revolution des 20. Jahrhunderts: der Relativität. Diese Revolution erwuchs aus einem Widerspruch. Einerseits wird c als relative Geschwindigkeit verstanden (als die Geschwindigkeit des Lichts in Relation zu einem Beobachter, der sich möglicherweise selbst bewegt und deshalb logischerweise erwarten muß, verschiedene Lichtgeschwindigkeiten zu messen, je nachdem, ob er sich der Quelle nähert oder sich von ihr entfernt). Andererseits gilt *c* als absolute Konstante, unabhängig von dem, was der Beobachter tut, und vor allem von der Geschwindigkeit, mit der er sich, in welche Richtung auch immer, bewegt.

Es gibt nur eine Möglichkeit, den Widerspruch aufzulösen. Die Zeit muß so an den Raum gebunden werden, daß sie unsere Wahrnehmung relativer Geschwindigkeiten verzerrt.

Der phythagoreische Lehrsatz läßt sich durch den Ausdruck $d^2 = x^2 + y^2$ zusammenfassen. Seine Erweiterung auf drei Dimensionen lautet $d^2 = x^2 + y^2 + z^2$. Wäre die Zeit lediglich eine vierte Dimension des Raumes, würde ein moderner Pythagoras schreiben $d^2 = x^2 + y^2 + z^2 + (ct)^2$. Doch leider funktioniert diese Erweiterung nicht. Ein Beobachter, der den Abstand von Ereignissen mit Hilfe dieses Ausdrucks messen wollte, sähe sich in

Der *Abstand* zwischen zwei Punkten, das d in $d^2 = x^2 + y^2$, wurde als quantitative Größe zur Charakterisierung des Raums eingeführt. Das *Intervall* zwischen zwei Ereignissen ist die quantitative Größe zur Charakterisierung der Raumzeit. Man hat festgestellt, daß die Form $x^2 + y^2 + z^2 - (ct)^2$ unabhängig davon ist, wie schnell sich der Beobachter bewegt.[44]

Erläuterungen zu den Richtungseinschränkungen, denen Signale auf Grund der metrischen Signatur $(+,+,+,-)$ unterworfen sind, kann der interessierte Leser in Büchern zur Relativitätstheorie finden, auf die ich mich hier beziehe.[41,44]

ein hoffnungsloses Durcheinander verstrickt, wobei der Abstand auf höchst komplizierte Weise von seiner Geschwindigkeit abhinge und seine Messung der Lichtgeschwindigkeit von der eigenen Bewegung beeinflußt werden würde.

Eine kleine Veränderung macht der Konfusion ein Ende und führt dazu, daß alle Beobachter unabhängig von der eigenen Bewegung dieselbe Lichtgeschwindigkeit konstatieren. Gibt man die Abstände durch $d^2 = x^2 + y^2 + z^2 - (ct)^2$ wieder, werden sie unabhängig vom Tun und vom Standort des Beobachters. Jeder Beobachter verzeichnet dann denselben Abstand. Jeder Beobachter mißt dieselbe Lichtgeschwindigkeit.

Damit sind wir auf die entscheidende Vereinfachung für die Beschreibung der Eigenschaften von Raum und Zeit gestoßen. Dank dieses Minuszeichens in dem Ausdruck für den Abstand ist die Zeit nicht bloß eine vierte Dimension des Raums, auch wenn sie als Entfernung ausgedrückt wird. Ebenfalls dank dieses Minuszeichens wird die Zeit deutlich vom Raum unterschieden. Wir werden sehen, daß die scheinbar unwesentliche Veränderung eines Zeichens den Unterschied zwischen Existenz und Nicht-Existenz ausmacht und letztlich für unsere unterschiedlichen Wahrnehmungen von Standort und Dauer sorgt. Dieses Minuszeichen ist gemeint, wenn wir von einer geometrischen Besonderheit sprechen. Es liegt sowohl der Existenz wie der Evolution des Universums zugrunde.

Dank des Minuszeichens kann sich ein Signal ebenso wenig rückwärts durch die Raumzeit bewegen, wie in der uns vertrauten Geometrie ein normaler Kreis einen negativen Radius haben kann. Das Minuszeichen isoliert die Vergangenheit von der Gegenwart und sorgt dafür, daß die Zukunft nicht die Gegenwart oder Vergangenheit modifizieren kann. Mit anderen Worten: Es sorgt dafür, daß unser Schicksal in der Zukunft und nicht in der Vergangenheit liegt.

Die unwiederholbare und nicht umkehrbare Ereignisfolge, die unser Bewußtsein konstituiert, ist die Zeit, die wir als vorwärtsfließend wahrnehmen. Die Ereignisse schreiten zwangsläufig in jener Dimension voran, die wir als Zeit bezeichnen. Wie einzelne Ereignisse in der Zeit nur nach vorn ablaufen können, wie Ausbreitung für die Unwiderruflichkeit von

Zur Illustration dessen, was in der Raumzeit eine gerade Linie ist und was keine gerade Linie ist, betrachten Sie Ihre eigene Bahn, während Sie sitzen und dieses Buch lesen. Der Einfluß der Erdschwerkraft verzerrt die Raumzeit in Ihrer Nähe dergestalt, daß Ihre natürliche Bewegungsrichtung auf den Erdmittelpunkt zielt. Während Sie bestrebt sind, diese Richtung beizubehalten, stoßen Sie auf ein Hindernis, die Erde selbst (in die Sie aus quantenmechanischen Gründen nicht eindringen können, es sei denn, Sie würden sie beiseite schaufeln). Dadurch wird eine Kraft ausgeübt, die Sie an der Sitzfläche Ihres Stuhls spüren können. Die Kraft lenkt Sie von Ihrer geodätischen Linie ab.

Veränderung sorgt und wie Wahrnehmung die Akkumulation von Erfahrung ist, so wird auch unser Bewußtsein in die Zukunft getragen.

Kehren wir zur Illusion von Geradlinigkeit und den natürlichen Bahnen der Partikeln zurück. Wir haben gesehen, was passiert, wenn nur der Raum gekrümmt ist; stellen wir uns jetzt eine Krümmung der Raumzeit vor. Die Raumzeit krümmt sich in Gegenwart von Materie, so daß eine scheinbar gerade Linie nicht wirklich gerade sein muß. Teilchen folgen auf ihrem Weg durch die Raumzeit geraden Linien, weil es ihrer Natur entspricht. Doch der Betrachter nimmt sie nicht mehr als gerade wahr. Da jetzt auch die Zeit in den Raum eingeschlossen ist und die Gesamtstruktur gekrümmt ist, wird gleichförmige Bewegung nicht mehr als gleichförmig und räumliche Geradlinigkeit nicht mehr als geradlinig wahrgenommen. Der Betrachter sieht Beschleunigungen und Verzögerungen des Teilchens. Tatsächlich bleibt die Bewegung des Teilchens gleichförmig, aber die spezifischen Eigenschaften der Raumzeit erwecken in dem Betrachter den täuschenden Eindruck, die Bewegung würde sich verändern.

Die Bahn, die ein Planet um die Sonne beschreibt, ist eine vollkommen gerade und gleichförmig durchlaufene Linie. Trotzdem nehmen wir sie als geschlossene und veränderliche Kreisbahn wahr. Die Bahn eines auf- und abspringenden Balls ist geradlinig und gleichförmig, aber die Verwerfung, die die Nähe der Erde in der Raumzeit hervorruft, verzerrt unsere Wahrnehmung wie eine schlechte Linse, und wir kommen zu dem Schluß, daß auf den Ball eine Kraft einwirkt, die seine Bewegung zunächst verlangsamt und ihn dann zurückholt. Die Kraft ist nicht wirklich: Die Bahn, die wir sehen, ist eine Täuschung.

Gravitation ist das Wort, mit dem wir diese Verzerrung bezeichnen. In Wahrheit ist Bewegung außerordentlich einfach: Bewegung ist gleichförmig und geradlinig, verzerrt erscheint sie nur in Gegenwart von Materie. Im Grunde gibt es keine Gravitation.

Damit kommen wir natürlich zu der Frage, warum Materie eine solche Verzerrung bewirkt. Ich möchte sie noch ein bißchen zurückstellen. Es gibt in diesem Zusammenhang nämlich

Die wohl verständlichste Einführung in die Deutung von Kräften als Austausch von Teilchen dürfte das bereits erwähnte Buch von Nigel Calder bieten.[7] Das Bild mit den Bumerangs habe ich aus einer Vorlesung übernommen, die Sir Denys Wilkinson 1980 am Wolfson College gehalten hat. Die Analogie ist so treffend wie anschaulich, denn ob Kräfte anziehend oder abstoßend wirken, hängt vom Spin der ausgetauschten Teilchen ab: Zwischen gleichartigen Teilchen wirken Teilchen mit ganz-geradzahligem Spin anziehend, Teilchen mit ganz-ungeradzahligem Spin abstoßend. Eine knappe Darstellung der modernen Auffassung von Kräften findet der Leser bei Davies.[46] Auch die Vereinheitlichung der Kräftetheorie und das Konzept der Supergravitation sind recht einfach beschrieben worden.[47]

Die elektromagnetische Kraft zwischen elektrisch geladenen Teilchen geht auf den Austausch von Photonen (Lichtquanten) zurück. Die Kraft der starken Wechselwirkung wird durch die zwischen Quarks wirkenden *Gluonen* vermittelt. Die Kraft der schwachen Wechselwirkung wird durch Teilchen vermittelt, die den abschreckenden, aber zutreffenden Namen *intermediäre Vektorbosonen* tragen. Die Gravitationskraft beruht auf dem Austausch von *Gravitonen*. Zur Erörterung von Supergravitation und Gravitonen vergleiche den obenerwähnten Artikel.

noch einige Fragen, die auch mit unseren zentralen Themen zu tun haben. Was ist mit den Kräften, die es neben der Gravitation noch gibt, mit den elektrischen und den anderen? Wie sind sie beschaffen?

Ich schlage vor, daß wir uns einer Analogie bedienen, um diese Kräfte zunächst in den Blick zu bekommen und dann zu beweisen, daß es sie gar nicht gibt. Stellen wir uns zwei Eisläufer vor, die parallel zueinander laufen. Wenn sie anfangen, sich Bälle zuzuwerfen, entfernen sie sich beim Schleudern und Fangen voneinander. Ein entfernter Beobachter, der die Bälle nicht sieht, kann leicht zu der irrigen Auffassung gelangen, daß ein Läufer den anderen abstößt. Er wird zu dem Schluß kommen, daß es eine Kraft zwischen ihnen gibt,eine Kraft, die sie aus ihren geradlinigen Bahnen treibt. Wir wissen es besser. Wir wissen, daß sie Dinge austauschen. Wenn sich die Schlittschuhläufer Bumerangs zuwerfen, wird ein entfernter Beobachter sehen, daß sich die Läufer aufeinander zubewegen. Da er die Bumerangs nicht sieht, wird er zu dem Schluß kommen, daß eine Anziehungskraft zwischen ihnen wirkt. Wir wissen es besser: Es existiert keine Kraft zwischen den Läufern. Es werden lediglich Dinge ausgetauscht.

Alle Kräfte, die Atome, Kerne und die kleinsten Bestandteile von Teilchen zusammenhalten, lassen sich auf den Austausch von Teilchen zurückführen. Kraft ist nur das Codewort für ein Verhalten, das sich in der Arena der Raumzeit entfaltet. Die Raumzeit schafft mit ihrer Krümmung die Voraussetzung. Teilchen folgen, da sie sich als Wellen ausbreiten, geraden Linien. Aber Teilchen lösen sich von anderen Teilchen und bewegen sich (geradlinig) auf andere zu, wobei sie ihnen ihre Bewegung aufzwingen. Kraft ist die Bezeichnung für diese Wechselwirkung von Teilchen. Außer dieser Kraft gibt es nichts.

Dritte Orientierung

Wir haben gesehen, wie die Beschaffenheit über das Schicksal entscheidet, wie das Verhalten die Beschaffenheit erkennen läßt und wie sich vollkommene Freiheit ihre eigenen Einschränkungen schafft. Wir haben gesehen, daß sich Licht wie Teilchen wellenförmig ausbreiten. Die Wellen können sich ihren Weg mit vollkommener Freiheit suchen und verführen uns durch Löschung ihrer Spuren zu dem irrigen Schluß, die Dinge hätten nicht nur spezifische Eigenschaften, sondern gehorchten auch Regeln. Die besondere Rolle der Schwerkraft lenkte unsere Aufmerksamkeit auf die Beschaffenheit von Raum und Zeit. Wir sahen, daß vollkommene Freiheit auch in diesem Falle beobachtetes Verhalten erklärt, sobald der Raum mit der Zeit verschmilzt und die Raumzeit Verwerfungen bildet, so daß gerade Linien nicht mehr als gerade wahrgenommen werden. Sogar scheinbar komplexe Bewegung, wie sie unter dem Einfluß anderer Kräfte zustande kommt, erwächst aus vollkommener Freiheit, wenn diese Kräfte als Austausch anderer Teilchen verstanden werden. Ferner haben wir gesehen, wie die Verschmelzung von Zeit und Raum dazu führt, daß zwar die Vergangenheit von der Gegenwart isoliert wird, nicht aber die Gegenwart von der Vergangenheit. Unser Weg durch die Ewigkeit – oder was wir so nennen – ist ein Aspekt der Geometrie.

Da die Raumzeit so wichtig ist, müssen wir sie genauer untersuchen. Vor allem müssen wir uns mit ihrem auffälligsten Merkmal beschäftigen, ihrer Dimensionalität. Im folgenden Kapitel will ich mich der Frage zuwenden, wie einerseits die drei Dimensionen des Raums und die eine der Zeit miteinander verknüpft sind und woher andererseits das Bewußtsein die Fähigkeit hat, sie zu erkennen und sich nach ihnen zu richten. Sie werden eine erste Vorstellung davon bekommen, warum ein Universum bei seiner Entstehung die uns vertraute Dimensionalität annimmt. Damit dringen wir tief in das Geheimnis von

Materie und Energie ein. Sie werden sich zumindest ungefähr vorstellen können, was der unendlich faule Schöpfer erschaffen muß (oder, wenn er nicht beteiligt ist, nicht am Entstehen hindern darf.)

Wo Dinge sich verändern

Wir befinden uns im Reich der Selbstbezüglichkeit – ein labyrinthischer und fesselnder Gegenstand. Die bei weitem interessanteste Darstellung von Selbstbezüglichkeit in Literatur, Musik, bildender Kunst und Mathematik bietet D. R. Hofstadters faszinierendes Buch.[48] Es zeigt, wie unterhaltsam die Raumzeit sein kann, wenn man sie unter dem Gesichtspunkt der Selbstbezüglichkeit betrachtet.

Die Schwierigkeit, die wir haben, uns Räume von unvertrauter Dimensionalität vorzustellen, sollte uns nicht daran hindern, über sie nachzudenken: Die Mathematik erlaubt uns, sie zu untersuchen (was entweder ganz allgemein für die Mathematik spricht oder für ihre Leistungen auf dem Gebiet der Selbstbezüglichkeit). In dem oben genannten Buch verweist Hofstadter auf eine Veröffentlichung, in der eine optische Täuschung für vierdimensionale Menschen konstruiert wird.[49]

Wo wir leben, gibt es oben und unten, links und rechts, vorn und hinten. Die augenfälligste Eigenschaft des Universums ist, daß es drei Dimensionen hat. Warum ist das so? Warum hat es nicht zwei Dimensionen oder vier oder noch mehr?

Diese grundsätzlichen Fragen können uns zum Verständnis nicht nur der Naturerscheinungen, sondern auch des Schöpfungsprozesses führen. Der Raum, in dem wir leben, ist mehr als nur ein Rahmen für die Ereignisse, denn die Materie selbst ist Raum (wie wir gleich deutlicher sehen werden). Deshalb läßt sich die Schöpfung auch als Erschaffung des Raums auffassen.

Man könnte meinen, es sei einfach, Raum zu erschaffen, aber er muß ja etwas mehr sein als bloße Leere, wenn er so vielfältige Eigenschaften aufweisen soll, wie wir sie an unserer Welt wahrnehmen. Ich möchte meine Darlegungen von jeglichem Anklang an Mystik und Aberglauben freihalten und trotzdem plausibel machen, daß der Raum ein Bewußtsein seiner selbst besitzt.

Haben Sie sich auch schon einmal gefragt, warum auf Ihrer Tageszeitung immer nur ein Datum steht? Warum es also nur *eine* Zeitdimension gibt? Warum ist die Zeit nicht zwei- oder mehrdimensional? Würden wir die Zeit ganz anders wahrnehmen, wenn sie zweidimensional wäre, so daß wir uns in ihr nicht nur vorwärts, sondern auch seitwärts (in eine andere Zeit) bewegen könnten?

Die Geometrie des Raumes gewährleistet, daß jeder Punkt von jedem anderen aus erreichbar ist. Die Geometrie der Raumzeit hingegen isoliert die Vergangenheit von der Gegenwart. Hängt die Unzugänglichkeit der Vergangenheit von der Dimensionalität der Zeit ab? Wenn das der Fall ist, ist Wahrnehmung eine Eigenschaft der Dimension.

Ich will mich jetzt mit der Beschaffenheit und den Konsequenzen der Dimensionalitäten von Raum und Zeit befassen. Ich beginne mit der Frage, was für Universen entstanden wären, wenn die Schöpfung Räume mit anderen Zahlen von Dimensionen erschaffen hätte. Wie wir später sehen werden, war es aller-

Das Gehirn ist eine nichtlineare Übertragungseinheit. Auf der einen Seite (der der Sinne) nimmt es die Information auf und leitet sie weiter zu einer Art generalisiertem Empfänger (einer Handlung oder Äußerung). Damit im Empfänger aus dem Input ein andersartiges, komplexeres Signal wird, braucht man eine hochstrukturierte, nichtlineare Einheit – wie deutlich wird, wenn wir das Gehirn beispielsweise mit einem Kupferdraht vergleichen, der ebenfalls als Übertragungseinheit dienen kann, aber zu einfach strukturiert ist, um aus einem Input eine eigene Meinung zu machen.

dings ziemlich wahrscheinlich, daß im Schöpfungsprozeß nur das uns vertraute Universum mit seinen drei Raumdimensionen und der einen (eigentlich sogar nur halben) Zeitdimension zustande kommen konnte. Trotzdem hat es seine Vorteile, andere denkbare Universen in Betracht zu ziehen, weil sie einzigartige und möglicherweise ungeahnte Eigenschaften des vertrauten Universums in den Blick rücken. Durch diesen Blickwinkel werden wir auch auf interessante Konsequenzen der Dimensionalität stoßen, zum Beispiel auf ihre Bedeutung für die Evolution und die Entstehung des Bewußtseins.

Kurzum, ich werde nicht nur zeigen, daß ein Universum mit drei Raumdimensionen und einer Zeitdimension als einziges die eigene Schöpfung überleben kann, sondern auch, daß nur ein solches Universum die Voraussetzungen erfüllt, ein Bewußtsein seiner selbst zu entwickeln.

Ich möchte zunächst auf das Bewußtsein eingehen. Zwar ist es gewiß ein wenig überzeugendes Kriterium für die Lebensfähigkeit eines Universums, doch ebenso gewiß ist es eine Eigenschaft des unsrigen. Wir könnten zu der Auffassung gelangen, daß wir uns nur *dieser* Schöpfung bewußt seien, daß aber noch ganz anders beschaffene Universen existierten, die das Ergebnis anderer Schöpfungsprozesse an anderen Orten seien. Wenn das so wäre, müßten wir uns über die Unterschiede klarwerden. Bei der Auseinandersetzung mit diesen anderen denkbaren Universen werde ich zeigen, daß unser Universum die einfachste und möglicherweise einzige Art von Universum ist, das sich dieser anderen Möglichkeiten bewußt sein kann – die einzige Art von Universum auch, das sich seiner selbst bewußt sein kann (eben weil es die richtige Dimensionalität besitzt). Später wird selbst die Möglichkeit solcher Alternativen ausgeschlossen. Dann werden wir sehen, daß sich die Sonderstellung, die der Mensch für sich reklamiert, als die Sonderstellung der ihn bedingenden Dimensionalität erweist.

Nehmen wir den Raum. Ich werde die Eigenschaften von Universen mit unterschiedlichen räumlichen Dimensionalitäten unter dem Gesichtspunkt des in ihnen möglichen Bewußtseins untersuchen. Wenn ein Bestandteil eines Universums zu Wahrnehmung, Assimilation, Lernen und Kommunikation fähig

Ein eindimensionales Wesen könnte Intelligenz beweisen, wenn es ein System interagierender nichtlinearer Wellen entwickeln würde – die Nichtlinearität könnte die für Intelligenz erforderliche Komplexität liefern, aber das Zusammenfügen von Nichtlinearität läge jenseits der in einem solchen Universum gegebenen Möglichkeiten.

Wie Leben in anderen Dimensionen aussehen könnte, ist vielerorts beschrieben worden.[50] Die unermeßlich größere Vielfalt der zweidimensionalen Welt wird sehr plastisch geschildert in einem Artikel von Martin Gardner[50], in dem dieser sich auf eine – wie er es nennt – «siebenundneunzigseitige Tour de force» von A. K. Dewdnay über «zweidimensionale Wissenschaft und Technologie» beruft. Gardners Artikel und Dewdnays Buch behandeln Wissenschaft, Technologie, Chemie, Wetter, Kunst und Lebenskunst in einem planen Universum.

sein soll, muß er komplex sein. Bewußtsein ist einfach Komplexität. Ein Lebewesen sein heißt, seine Reaktionen zu organisieren und Kohärenz aus den im Chaos schlummernden Möglichkeiten zu gewinnen. Meine These lautet: Das Wesen des Bewußtseins ist die Komplexität seines Aufbaus.

Ein Universum ohne Dimensionen wäre ein Punkt ohne Kontur. Er besäße keine Eigenschaften, keine Komplexität und ganz gewiß kein Bewußtsein seiner selbst. Keine Dimensionen bedeutet keine Existenz.

Ein eindimensionales Universum wäre eine Linie ohne Breite. Die darin lebenden Strukturen wären unendlich dünne, in dieser Linie liegende Nadeln. Oben und unten, rechts und links, vorn und hinten gäbe es nicht. Die Nadeln könnten nicht aneinander vorbei, ohne ihre Identitäten einzubüßen und mit ihren Nachbarn zu verschmelzen. Die Evolution hinge von der Aufnahme dessen ab, was sich zufällig an den beiden Enden der Struktur befände. Da im Schöpfungsprozeß nur einfache Dinge entstehen, würden die Nadeln nur unbelebten Dingen begegnen, so daß sich keine komplexe organische Struktur entwikkeln könnte. Wohl könnte Kommunikation entstehen, indem beispielsweise eine Nadel ihre Nachbarin anstieße und diese wiederum ihre Nachbarin. Im Laufe der Zeit könnten diese Stöße zu komplexen Druckwellen werden, die ihr Universum vor und zurück durchlaufen würden. Doch wären diese Wellen ebensowenig Bewußtsein wie Atomschwingungen kluge Gedanken sind. Da die Elemente extrem einfach verknüpft wären, könnte sich keinerlei Lernfähigkeit entwickeln, und die Nadeln wären auf eine höchst rudimentäre Wahrnehmung der Welt beschränkt.

In einer zweidimensionalen Welt dagegen wäre unendlich viel mehr Vielfalt. Zum Beispiel könnten die Strukturen ihren Nachbarn ausweichen. Sie könnten sich neue Nachbarn suchen, um die Reproduktion anzuregen, und sie könnten auf die Jagd gehen, um die Verdauung anzuregen. Sie könnten Hindernisse umgehen, statt vom ersten, dem sie begegnen würden, auf immer in ihrer Bewegungsfreiheit behindert zu werden. Sie könnten (auf Kosten ihrer Umgebung) ihre Komplexität erhalten, indem sie Nahrung aufnehmen und ausscheiden würden,

Die Ausführungen über den Darmkanal gehen auf einen Gedanken zurück, der von Whitrow entwickelt wurde.[51] Dewdnay erörtert in seinem Artikel so ähnliche Aspekte biologischer Vor- und Nachteile im Planiversum (zum Beispiel die Schwierigkeit umzufallen und die Bequemlichkeit beim Weiden).

Beim Streit über den möglichen Komplexitätsgrad eines zweidimensionalen Gehirns[50,52] ging es um die Frage, ob Nerven fähig sein könnten, die Erregung über Kreuzungspunkte weiterzuleiten, in welchem Falle die Gehirne lediglich langsamer arbeiten würden. Der Vertreter dieser These, Whitrow, hat die besseren praktischen Argumente, doch grundsätzlich dürfte sein Kontrahent Dewdnay recht haben. Wir müssen uns vor Augen halten, daß das menschliche Gehirn bei der gewiß schon stattlichen Zahl von 10^{11} Neuronen noch eine weit höhere Zahl von Synapsen aufweist – sie dürfte bei ungefähr 10^{14} liegen. Das gibt uns eine gewisse Vorstellung von seiner Komplexität.

und sie könnten (auf Kosten ihrer Konkurrenten) diese Komplexität ausbauen, indem sie sich geeignete Partner zur evolutionären Zusammenarbeit suchen würden.

Trotzdem würden genug mißliche Umstände bleiben. Vergnüglich wäre einer, der die Nahrungsaufnahme beträfe. Wenn die wirksamste Methode, sich Stücke aus der Außenwelt einzuverleiben, einen Darmkanal voraussetzt, der an einem Ende aufnimmt, am anderen ausscheidet und dazwischen verdaut, würde man es in der zweidimensionalen Welt mit erheblichen Strukturproblemen zu tun bekommen. Eine zweidimensionale Struktur mit einem Darmkanal ist notgedrungen eine Doppelstruktur. Entweder bewahrt die zweidimensionale Struktur ihre Identität, oder sie hat Verdauung. Ein Ausweg aus dem Dilemma wäre, daß man zu zweit äße. Oder der Darmkanal müßte ein Blindsack sein, so daß Nahrungsaufnahme und Ausscheidung an gleicher Stelle stattfinden würden. So amüsant solche Gesichtspunkte auch sein mögen, sie sind doch eher Fragen eines sozial gebilligten Verhaltens bei Mahlzeiten als tiefreichende Probleme der Beschaffenheit von Welten. Immerhin zeigen sie, daß die Etikette von der Dimension nicht unbeeinflußt bleibt.

Weit wichtiger für unseren Zusammenhang ist die Erkenntnis, daß sich kein differenziertes Bewußtsein entwickeln könnte. Erstens hätte es keine Zeit, sich zu entwickeln, zweitens wäre es nicht sehr intelligent, wenn es sich doch entwikkelte, drittens würde es seine Umgebung nur verschwommen wahrnehmen und müßte seine Inhalte aus der Selbstbeobachtung gewinnen, da die Kommunikation mit anderen konfus bliebe.

Bewußtsein – so setzen wir voraus – beruht auf Komplexität, auf einer Vernetzung von Zellen, die so umfassend ist, daß ein Gehirn entsteht. Bei nur zwei Dimensionen ergibt sich daraus sofort ein Problem. Zweidimensionale Verbindungen kennen nur ein Nebeneinander und müssen Hindernisse seitlich umgehen, da es kein Oben und kein Unten gibt. Folglich müßte eine Nervenfaser große Umwege machen, um Hindernissen auszuweichen und an ihrem Zielpunkt anzukommen. Manche Zielpunkte wären möglicherweise schon von anderen Zellen und

Wie es scheint, müßte ein planes menschliches Gehirn eine Größe von mindestens 36 m^2 aufweisen. Bei dieser Zahl geht man davon aus, daß sich im menschlichen Schädel in einer Sphäre mit einem Radius von 5 cm 10^{11} Neuronen befinden und daß man diese Neuronen dicht nebeneinander zu einer Fläche ausbreitet. Damit aber hätte man das Gehirn einfach plattgebügelt. Sein zweidimensionaler Nachbau unter Vermeidung von Überschneidungen würde jedoch zu einer Riesenstruktur führen, so daß das Bild vom Hund, der eine Stadt auf dem Hals trägt, wohl eine zutreffende Größenvorstellung vermittelt.

Erinnern wir uns daran, daß ein Neuron den Nervenimpuls erst weiterleitet, wenn sich ein auslösendes Signal aufgebaut hat. Dieses setzt sich aus zahlreichen hemmenden und stimulierenden Signalen zusammen, die an den Synapsen eintreffen (vgl. S. 48). Das Gehirn hat nicht nur eine räumliche, sondern auch eine zeitliche Ordnung.

Das Problem der Regeneration habe ich im zweiten Kapitel geschildert. Dort ging es um die Tatsache, daß die Mechanismen des Lebens von einer Reihe miteinander verknüpfter Reaktionen gespeist werden müssen und infolgedessen auf Nahrungsaufnahme angewiesen sind. Jeder Arbeitsschritt des Gehirns ist eine chemische Reaktion, die einmal stattfinden kann, wenn sie ausgelöst wird. Damit die Reaktion erneut ablaufen kann, muß die Ausgangssituation dadurch wiederhergestellt werden, daß sie an eine andere Reaktion gekoppelt wird, die in die geeignete Richtung verläuft. Auch diese Reaktion ist erneuerungsbedürftig. Am Ende dieser Kette steht das Bedürfnis nach Nahrung und nach Sonne. Dagegen könnte ein zweidimensionales Elektronengehirn, das nach meiner Auffassung allerdings (zumindest innerhalb eines vernünftigen Zeitrahmens) nur als Kunstprodukt einer zuvor vorhandenen biologischen Zivilisation entstehen könnte, durch Strahlung gespeist werden. Unter diesen Umständen wäre nicht einzusehen, warum das zweidimensionale Menschengehirn nicht auf einer Fläche von 36 m^2 und sein Gegenstück beim Hund auf ungefähr 15 m^2 unterzubringen sein sollte (vorausgesetzt, die Neuronen könnten in zwei Dimensionen eine hinreichend kompakte Gestalt annehmen).

ihrem Anhang vollständig eingekreist und damit überhaupt nicht mehr erreichbar, so daß sich die Möglichkeit des Gehirns, Komplexität zu entwickeln, verringern würde.

Es ergäben sich viele Nachteile. Vor allem müßten zweidimensionale Gehirne riesenhafte Ausmaße annehmen. Die Verbindungen zwischen den Zellen könnten nicht, wie in unserem Kopf, durch Fasern von wenigen Zentimetern Länge hergestellt werden, sondern müßten sich über mehrere Kilometer ihren Weg suchen, um ein Netzwerk von ausreichender Komplexität zu schaffen. Das Gehirn eines Hundes hätte die Größe einer Stadt.

Eine solche Ausdehnung schafft Probleme eigener Art. Die Leistung von Gehirnen hängt nicht nur von der räumlichen Anordnung der Verbindungen ab, sondern auch von der zeitlichen Steuerung der Signale. Selbst wenn sich räumlich komplexe Netzwerke entwickeln würden, wären sie erst lebensfähig, wenn die Komplexität durch Warte- und Stauräume erweitert werden würde, um die Ankunftszeiten der Impulse regulieren zu können.

Gehirne müssen gefüllt und geleert werden. Auf irgendeine Weise müßte jede Zelle in einem flachen Gehirn mit Kraftstoff versorgt werden, müßte der Abfall beseitigt werden, nachdem die Energiequalität abgegeben worden wäre. Nicht nur die Nervenverbindungen müßten sich durch das Gebilde schlängeln, ohne sich zu überschneiden, sondern auch die Netzwerke der Versorgungs- und Abflußkanäle, da diese ja nicht über- oder untereinanderliegen könnten in einer Welt, in der es kein Oben und Unten gäbe.

Mit einem gewissen Zeitaufwand ließe sich das Problem lösen. An strategischen Punkten wären Klosetts und Tankstellen eingerichtet, wo die Zellen ruhen und auftanken könnten. Doch die Leistungsfähigkeit der Gesamtstruktur wäre erheblich beeinträchtigt; die Zellen würden sich schon nach ihrer Beteiligung an wenigen Gedanken in dem dringenden Bedürfnis nach Regeneration wie Schafe in einer zusammengetriebenen Herde an ihren Nachbarn vorbeidrängen müssen.

Außerdem ist Masse hinderlich für Reproduktion und Evolution. In solch riesigen Geschöpfen wäre die Evolution mehr wie

Netze, die sich nicht ohne Überschneidungen konstruieren lassen, besitzen folgende Strukturen[53]

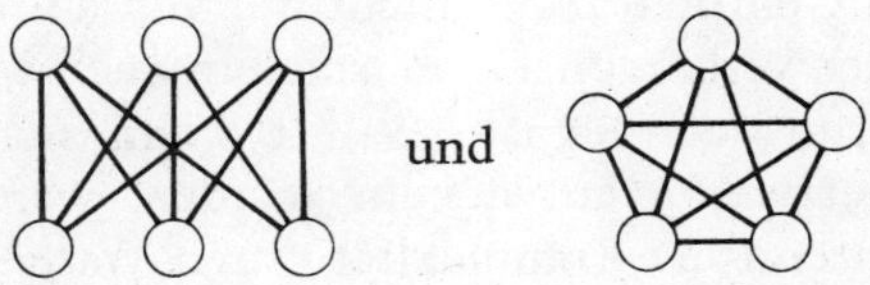

Diese Netze sind natürlich möglich, wenn die Verbindungen durch Strahlung hergestellt werden, weil Strahlung auch Bahnen folgen kann, die sich überschneiden (allerdings ergeben sich auch daraus Probleme, wie wir gleich sehen werden).

Auf eine eingehende Analyse der an der Kiemenretraktion der Seeschnecke *Aplysia* beteiligten Nervenverbindungen wurde schon verwiesen.[34] Der Reflexbogen dieser Bewegung ist auf Seite 67 des genannten Buches in leicht vereinfachter Form abgebildet. Wenn ein solches Maß an Komplexität erforderlich ist, um eine Kieme zurückzuziehen, wieviel Komplexität braucht man dann wohl, um ein Angebot zurückzuziehen?

Stadterneuerung und -sanierung. Eine außerordentlich träge Art der Reproduktion würde sich herausbilden, da sich die Köpfe kaum bewegen ließen. Ferner müßte das Netzwerk einem genauen Plan folgen, um zufällige Verknüpfungen zwischen den Gehirnzellen zu vermeiden und um ein auch nur einigermaßen begabtes Wesen unter lauter Pflanzen hervorzubringen. Diesen detaillierten Plan müßten die Gene enthalten, aber auch sie wären nur zweidimensional und könnten relativ wenig Information aufnehmen. Es wäre nicht nur unwahrscheinlich, daß geordnete Komplexität entstehen würde, sie wäre auch ständig von Zerfall bedroht. Die Rasse wäre unintelligent und unbeständig, ihre Intelligenz rückläufig.

Wenn es einem zweidimensionalen Gehirn trotz all dieser Hindernisse doch gelänge, sich zu entwickeln, würde sich herausstellen, daß ihm die logischen Fähigkeiten fehlten, über die Geschöpfe mit mehr Dimensionen verfügen. Denn nicht jede Vernetzung in drei Dimensionen läßt sich in zweien nachbauen, ohne gegen die Grundbedingung zu verstoßen, keine Überschneidungen von Verbindungen zuzulassen. Selbst relativ einfache Bewußtseinsprozesse wie die Kiemenretraktion scheinen ohne solche Vernetzungen, die zu unvermeidbaren, aber eben nicht zulässigen Überschneidungen führen würden, nicht zustande kommen zu können.

Sobald wir uns Gehirnen mit drei Dimensionen zuwenden, entfallen diese Schwierigkeiten. Da läßt sich auf kleinem Raum ein sehr komplexes Netz von Verbindungen herstellen. Die Köpfe hindern nicht mehr durch übermäßige Größe an Jagd und Reproduktion. Die Komplexität des logischen Netzwerks kann sich ohne jede Einschränkung entwickeln. Es ist kein massiver Energieaufwand mehr erforderlich, um die Nahrung hineinzupumpen und den Abfall herauszuholen. Die Signalabfolge läßt sich sehr viel leichter organisieren, wenn die Übermittlungszeiten extrem kurz sind. Die Masse des Gehirns kann jetzt für Schaltstellen verwendet werden, weil sie nicht mehr für Kabel vergeudet werden muß.

So könnte man zu dem Schluß kommen, vierdimensionale Gehirne müßten im Vergleich zu dreidimensionalen extrem kompakt und extrem leistungsfähig sein. Das mag zutreffen,

Die wesentlichen Unterschiede der Wellenausbreitung in geradzahlig und ungeradzahlig dimensionierten Räumen läßt sich wie folgt zusammenfassen[54]: Eine auf einen Impuls zurückgehende Welle (ein Knall) breitet sich in ungeradzahligen Dimensionen radial als scharfer Impuls aus, dessen Amplitude sich zwar verringert, der aber seine steile Front- und Rückseite beibehält, so daß er ohne Vorwarnung kommt und ohne Nachklingen geht. In geradzahligen Dimensionen behält der sich ausbreitende Impuls zwar die steil ansteigende Frontseite – er kommt also ohne Vorwarnung –, hinterläßt aber an jedem Punkt X seines Weges eine Störungsspur, die noch lange anhält, nachdem der Wellenkamm X passiert hat.

Ich halte es für angezeigt, noch einmal darauf hinzuweisen, daß die Entstehung anorganischer Gehirne (wie Computer konstruiert), deren Verbindungen entweder durch passive Leiter (Drähte oder sogar Kanäle, keine Nerven) oder durch Strahlung hergestellt werden, zwar denkbar ist, sich aber kaum auf natürlichem Wege vollziehen könnte, obwohl solche Gehirne, in ein biologisches System eingebaut, als eine verallgemeinerte Evolutionsform angesehen werden könnten. Komplexität muß stufenweise erworben werden, es sei denn, sie kommt von außen durch einen Konstrukteur, und biologische Systeme sind geradezu definitionsgemäß Stufen des Komplexitätserwerbs. In einem fortgeschrittenen Stadium dieses Prozesses wie etwa dem, in das wir gerade eintreten, mag es möglich sein, sich des ganzen lästigen biologischen Beiwerks zu entledigen, indem man «künstlich» ein gewünschtes Teilelement konstruiert, zum Beispiel das Gehirn ohne Beine, Zähne und Eingeweide, so wie die Evolution einen Großteil unseres Haarkleids eliminiert hat.

doch schafft die Einführung einer vierten (oder fünften) Dimension nicht die Möglichkeit, ein neuartiges logisches Netzwerk zu konstruieren. Die hochentwickelte Intelligenz des vierdimensionalen Gehirns würde kranken an seiner verschwommenen Wahrnehmung der Außenwelt.

Der größte Teil der Kommunikation ist auf die Vermittlung von Wellen angewiesen. Denken wir an die Schallwellen und das ganze Spektrum der elektromagnetischen Wellen, die Fernsehen, Funk und Astronomie ermöglichen. Auffälliges Merkmal von Wellen ist, daß sie sich in Räumen mit einer geraden Anzahl von Dimensionen (2, 4 ...) ganz anders verhalten als in Räumen mit ungeraden Dimensionen (wie etwa in unserem). In ungerade dimensionierten Universen breiten sich Wellen ohne Verzerrung aus, in Räumen mit einer geraden Anzahl von Dimensionen verschwimmen sie. Während wir ‹Wumm› als ‹Wumm› hören, weil sich die kurzen, scharfen Stoßwellen durch die Luft bewegen, ohne ihre Form zu verändern, würde ein zweidimensionaler Hörer diesen Laut als ein langgezogenes ‹Wu ... u ... m ... m ...› wahrnehmen. Ein vierdimensionales Gehirn könnte noch so schnell und noch so logisch sein, es würde die Außenwelt trotzdem nur nebelhaft wahrnehmen und wäre von aller Information durch das störende Dazwischentreten des Raumes abgeschnitten. Die Spezies wäre extrem kurzsichtig und schwerhörig, und ihre Exemplare wären solipsistisch auf die Selbstbeobachtung angewiesen.

Fünfdimensionale Gehirne wären äußerst kompakt; sie wären in ihren Interaktionen mit anderen und in ihren Beobachtungen der Außenwelt zuverlässig und klar, aber sie wären nicht evolutionsfähig. Um den Grund dafür herauszufinden, müssen wir uns einem anderen Aspekt des Lebens zuwenden.

Wir gehen von der Hypothese aus, daß Bewußtsein nur entstehen kann, wenn es mäßig warme, beständige Umweltverhältnisse vorfindet, die über lange Zeiträume erhalten bleiben und keine großen Schwankungen des Klimas und der Lebensbedingungen unterworfen sind. Mag die Erde auch kein Paradies sein, so ist sie doch ein Beispiel für eine solche Umwelt.

Planeten sind eine notwendige, aber nicht hinreichende Bedingung für die Entstehung von Bewußtsein. Einem solchen

Erinnern wir uns an das auf Seite 33 eingeführte Konzept der Energiequalität und an Dysons Wertordnung.[20] Licht ist eine Energieform von hoher Qualität (von geringer Entropie); Hitze ist minderwertig (von hochgradiger Entropie).

Das Alter der Erde beträgt etwa $4{,}6 \times 10^9$ Jahre. Leben entstand vor ungefähr $3{,}5 \times 10^9$ Jahren[1], also dauerte es mehr als tausend Millionen Jahre, bis die primitivsten Organismen entstanden. Die ersten mehrzelligen Lebewesen bildeten sich vor etwa $0{,}6 \times 10^9$ (600 Millionen) Jahren. Die ersten Säuger lebten vor knapp 200 Millionen Jahren (man beachte das wachsende Tempo). Vor zwei Millionen Jahren verwandelten sich menschenähnliche Affen in affenähnliche Menschen, und der Homo sapiens ist auf unserem Planeten seit mindestens 100000 Jahren anzutreffen. Alles in allem brauchten wir fast 5000 Millionen Jahre zuträglicher Wärme, um uns zu entwickeln.

Planeten muß mäßige Wärme zugeführt werden, damit die Fließfähigkeit seiner Umwelt erhalten bleibt. Nur so sind die Moleküle beweglich genug, die Entwicklungslinien der Evolution zu erkunden. Die Wärme könnte aus dem Inneren des Planeten stammen – es ist denkbar, daß sich Leben auf der Oberfläche eines warmen Sterns entwickelt. Doch Wärme allein reicht nicht aus. Das Leben lebt von Qualität (in der im zweiten Kapitel entwickelten Bedeutung). Es hätte keinen Zweck, mit Wärme, einer Energieform minderer Qualität, zu beginnen und zu hoffen, sie könnte die Evolution von Komplexität speisen. Wir müssen mit hochgradiger Qualität beginnen und dann von ihrem Verfall leben. Kurz, zum Leben brauchen wir Licht.

Ein Planet, der heiß genug wäre, um als Lichtquelle – und damit auch als potentielle Lebensquelle – dienen zu können, wäre zugleich ein globales Krematorium: Kein komplexes Molekül könnte überleben, ganz zu schweigen von Molekülverbänden, die sich als Organismen verhielten. Natürlich lassen sich auf einem abgekühlten Planeten Lichtquellen konstruieren, doch dazu bedarf es gewöhnlich einer Intelligenz. Folglich sind sie eine Konsequenz des Lebens, nicht seine Voraussetzung. Von Zivilisationen und eingegrenzten Örtlichkeiten abgesehen, muß ein Planet sein Licht von außerhalb beziehen: Das Leben auf Planeten ist auf Sonnen angewiesen.

Soll ein Planet die Voraussetzungen für die Entstehung von Leben bieten, muß er die zentrale Sonne in einer Bahn umkreisen, die sich weder so weit nähert, daß die entstehenden Lebensformen verschmoren, noch so weit entfernt, daß sie erfrieren. Die Umlaufbahn darf keine Schwankungen aufweisen, wenn das Leben eine Chance haben soll und wenn die empfindlichen Moleküle ihre stets gefährdete Komplexität auf Dauer bewahren sollen. Diese förderlichen Bedingungen, die von gleichbleibenden Umlaufbahnen geschaffen werden, müssen über Äonen erhalten bleiben. Die Suche nach Kriterien für die Evolution von Bewußtsein reduziert sich damit auf die Suche nach Kriterien für die Stabilität von Planetenumlaufbahnen.

Ich werde jetzt darlegen, daß Bewußtsein dreidimensional ist. Das entscheidende Argument ist dabei die Erkenntnis, daß die Planetenbahnen nur in Universen mit drei Dimensionen auf

P. Ehrenfest zufolge bleibt in drei Dimensionen die Kreisbahn erhalten, wenn die Störung nicht zu massiv ist.[55] In Räumen mit mehr Dimensionen dagegen würde der Planet ins Zentrum der Anziehungskraft stürzen oder ins Unendliche fliegen. Ferner würde es in solchen Räumen keine Bewegungen geben, die den elliptischen Bahnen in unseren Räumen vergleichbar wären. Alle Umlaufbahnen hätten Spiralform. Der Autor weist noch auf ein weiteres interessantes Merkmal des dreidimensionalen Raums hin: Die Zahl der Rotationsachsen entspricht der Zahl der Verschiebungsrichtungen (jeweils drei). In zwei Dimensionen gibt es nur eine Rotationsachse (wie bei der Drehscheibe eines Plattenspielers), aber zwei Verschiebungsrichtungen (entlang der x- und entlang der y-Achse). In vier Dimensionen gibt es sechs Rotationsachsen und vier Verschiebungsrichtungen.

Dauer gleichförmig bleiben, daß also auch nur in dreidimensionalen Welten Zeit und Möglichkeiten zur Entstehung jener empfindlichen Komplexität vorhanden sind, die mit der von uns, den über diese Eigenschaft verfügenden Wesen, Bewußtsein genannten Differenziertheit auf die Umwelt reagieren kann.

In zwei Dimensionen ebenso wie in Universen mit vier und mehr Dimensionen wären Planeten schon durch geringfügige Störungen aus ihrer Umlaufbahn zu bringen. Ein vorbeifliegender Komet würde einen Planeten so nahe an seine Sonne heranbringen, daß er in ihrer Hitze verschmoren würde, oder so weit von ihr entfernen, daß er in der Kälte des Weltraums zu Eis erstarren würde. Hingegen sind die Erde und ihresgleichen in der Nähe dieser und anderer Sonnen in der Lage, auf Kometen, Planeten und Begegnungen anderer Art zu reagieren und zu überleben. Die durch die drei Dimensionen unseres Raumes ermöglichte Bewegungsfreiheit ist gerade groß genug, um Umlaufbahnen flexibel korrigieren und Katastrophen vermeiden zu können. Wäre sie eingeschränkter oder größer, würde dies nicht möglich sein. Die Vermeidung solcher Katastrophen ist die Voraussetzung für die Entwicklung von Menschen, vielleicht auch von Menschlichkeit, bis diese Chance wieder in der Grausamkeit und kleinlichen Borniertheit von Kriegen versinkt.

Bewußtsein ist eine Eigenschaft winziger Flecken auf den warmen Oberflächen freundlicher Planeten. Auf unserem Planeten blieb es bis in unser Jahrhundert hinein auf Einzelwesen beschränkt. Hier und jetzt (wie vermutlich an anderen Stellen des Kosmos zu anderen Zeiten) verschmelzen die Flecken durch die Entwicklung der Kommunikation zu einer erdumspannenden Bewußtseinsschicht, die sich vielleicht schon bald bis zu den Grenzen unserer Milchstraße und darüber hinaus ausweiten wird. Keine der Entwicklungsmöglichkeiten koordinierter Atombewegungen bis hin zu Wahrnehmung und Intelligenz hätte Wirklichkeit werden können, wenn das Universum aus dem Schöpfungsprozeß mit einer anderen Zahl von Dimensionen hervorgegangen wäre.

Die Beweisführung muß natürlich in umgekehrter Richtung

Wenn hier von anderen Universen die Rede ist, so sind sie von jenen «anderen» Universen zu unterscheiden, die gelegentlich beschworen werden, um die Quantenmechanik zu erklären.[56] Die Verfechter dieser reichlich plumpen Argumentationsweise (ich spreche nicht von Davies' Buch) gehen davon aus, daß unser Universum mit jedem Beobachtungsakt in minimal unterschiedliche Replikationen aufgesplittert wird. Ich kann kaum glauben, daß Ideen, die einen derartigen kosmischen Ausverkauf betreiben, ernsthaft vorgeschlagen werden, aber sie werden es.

verlaufen. Seine Dimensionalität gibt dem Universum Gelegenheit, Bewußtsein zu entwickeln. Bewußtsein ist kein Grund für eine bestimmte Dimensionalität. Menschen und ihre Pendants andernorts sind lediglich Elefanten mit einer Neigung zur Hybris. Wir sind Fragmente des Universums, Elefanten, die das Privileg geistiger und räumlicher Freizügigkeit genießen. Als kunstvolle Hervorbringungen der physischen Welt – nicht mehr – sind wir für diese Welt nicht wichtiger als ein Windhauch. Wie das Universum ohne den Windhauch existieren könnte, so könnte es auch auf die Eigenschaft des Bewußtseins verzichten.

Das wirft die folgende Frage auf: Wenn es der Zufall will, daß ein Universum geschaffen wird, entsteht es dann notwendigerweise mit drei Dimensionen? Denn wenn das der Fall ist, hat es auch die Möglichkeit, die Voraussetzungen für die Erkenntnis dessen, was es getan hat, zu entwickeln (obwohl neben der Dimensionalität auch andere Faktoren den Verlauf der Evolution beeinflussen können – oder beeinträchtigen können, wie wir aus unserer Sicht sagen würden –, so daß unsere Form des Bewußtseins unentdeckt bliebe). Wenn drei Dimensionen keine unabdingbare Voraussetzung wären, gäbe es viele Andernorts, die übersät wären mit bewußtlosen, trotzdem aber vorhandenen Universen. Sind wir insofern allein, als alle anderen Universen tot sind auf Grund ihrer Dimensionalitäten? Oder sind alle anderen Universen, die möglicherweise an anderen Orten und zu anderen Zeiten existieren, dreidimensional und damit potentiell mit Bewußtsein ausgestattet?

Daß es in unserem Universum andere Intelligenzen gibt, ist heute so gut wie gewiß, da wir wissen, daß bei der Entstehung von Sternen meist Planeten mitentstehen. Die Nicht-Existenz anderer Intelligenzen ist so unwahrscheinlich, daß es sinnlos ist, noch weitere Spekulationen darüber anzustellen. Die Frage, mit der wir es in unseren Überlegungen zu tun haben, ist die gleiche, ins Kosmische ausgeweitet: Wissen wir genug über die Entstehung von *Universen*, um sicher zu sein, daß andere Intelligenzformen außerhalb dieses Universums existieren? Sind wir, hyperkosmisch gesehen, allein?

Warum denn sollte ein Universum bei seiner Entstehung drei

Ein mathematischer Knoten läßt sich als ein Stück Bindfaden darstellen, dessen Enden miteinander verflochten sind, so daß sich der Knoten nicht aufknüpfen läßt.[57,58] In drei Dimensionen gibt es zwei Grundformen des Knotens, die sich nicht ineinander umwandeln lassen:

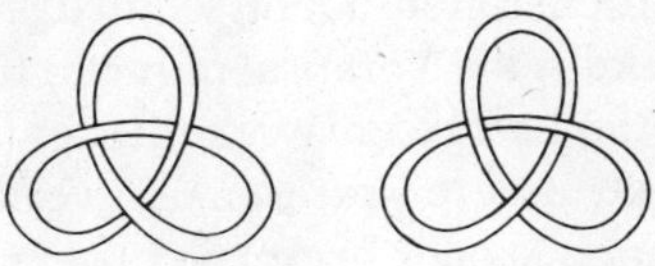

Zweiteilige Strukturen sind in der Quantentheorie von außerordentlicher Bedeutung.

Die Theorie der Stabilität von Knoten hängt mit der Untersuchung der *Solitonen* zusammen[59], die an Hand der Topologie des Raumes Aufschluß über die Stabilität von Dingen wie etwa der Teilchen gibt.[60]

oder irgendeine andere Zahl von Dimensionen annehmen? Gründe, die sich auf irgendeine Zweckbestimmtheit berufen, sehe ich als überflüssig an und lasse sie deshalb außer acht. Der Grund muß also in der Überlebensfähigkeit zu finden sein. Was überlebt – so müssen wir fragen – in drei Dimensionen, aber in keiner anderen Dimensionalität? Wir müssen nach Gründen dafür suchen, daß das Universum seinen eigenen Schöpfungsprozeß überleben kann, und wir müssen diese Gründe in Beziehung zur Dimensionalität des Universums setzen.

Ein Knoten ist ein einfaches Beispiel für etwas, das nur in drei Dimensionen Bestand haben kann. In zwei Dimensionen könnte man noch nicht einmal einen Knoten knüpfen, weil man nicht die Möglichkeit hätte, das Seilende oben oder unten am Seil vorbeizuführen (was allerdings nicht ausschließt, daß zweidimensionale Dinge Wollkleider tragen könnten). In vier Dimensionen ließen sich Fäden ineinander verschlingen, aber diese Verschlingungen würden keine Knoten bilden und nicht halten. In drei Dimensionen kann man Knoten machen, in zweien nicht. Knoten sind fest in drei Dimensionen, aber nicht in vier.

Die Beständigkeit von Knoten in drei Dimensionen hat eine so große Ähnlichkeit mit der Beständigkeit von Teilchen, daß der Schluß naheliegt, Teilchen seien nichts anderes als Knoten in der Raumzeit. Verschiedene Arten von Teilchen wären dann nur verschiedenartige Verschlingungen der Raumzeit, und ihnen wäre nur deshalb Dauer beschieden, weil die Dreidimensionalität des Raumes die Möglichkeit ihrer Entflechtung ausschlösse. Damit wird die Stabilität und Identität der Teilchen eine Frage ihrer Dimensionalität: Drei Dimensionen sind die Mindestzahl fürs Dasein und die Höchstzahl für Dauer. In anders dimensionierten Universen würde nicht nur das Bewußtsein, ein erfreulicher Nebeneffekt, fehlen, es gäbe noch nicht einmal Materie.

Ich glaube, damit bekommen wir allmählich den Ursprung der Kräfte in den Blick. Eine Verknotung der Raumzeit, ein Teilchen, ist eingebettet in die Raumzeit. Diese Krümmung teilt sich der unmittelbaren Umgebung mit, von dort wird sie wiederum weitergegeben, und so dehnt sich die Verwerfung in die

Das ist reine Spekulation und viel zu vage, um Anspruch auf Wissenschaftlichkeit erheben zu können, doch ich meine, die Vorstellung, daß der Raum voller Knoten ist, die in ihm Verwerfungen hervorrufen oder, was möglicherweise auf das gleiche hinausläuft, in ihrem engeren Umkreis andere Knoten erzeugen, die sich ausbreiten, bis sie in die Nachbarschaft eines ähnlichen Knotens gelangen, der dann als Sensor arbeitet und auf den vorbeikommenden Knoten reagiert – diese Vorstellung hat so auffällige Ähnlichkeiten mit dem, was wir von Kräften und ihren Wechselwirkungen wissen, daß sie der Wahrheit sehr nahekommen dürfte. Das Bild ist verwandt mit der topologischen Erklärung der elektromagnetischen Wechselwirkung.[8,42] Danach stellt man sich den Raum voller Wurmstiche vor, mit einem Eingang hier und einem Ausgang dort. Elektromagnetische Kraftlinien benutzen einen Wurmstich als Durchgang. Ein Beobachter sieht sie an einem Punkt verschwinden (und nennt sie eine Ladung mit einem bestimmten Vorzeichen) und an einem anderen auftauchen (und nennt sie eine Ladung mit umgekehrtem Vorzeichen). Andere Kräfte ließen sich entsprechend als andere topologische Verwerfungen der Raumzeit verstehen.

Man hat die Gleichungen der allgemeinen Relativitätstheorie für Raumzeiten verschiedener Dimensionalitäten durchgespielt.[61] In zweidimensionaler Raumzeit ist Krümmung möglich, aber keine Materie (was beliebige Krümmung impliziert), während in dreidimensionaler Raumzeit der Raum flach wäre, so daß die Materie keine Schwerkraft entwickeln könnte.

Ferne aus. Gravitation – oder die Verwerfung, der wir diesen Namen gegeben haben – resultiert also nur aus Verknotungen der Raumzeit. Je größer die Masse des Objekts, desto größer der Knoten und desto größer die Fernwirkung. Unterschiedliche Knoten verursachen unterschiedliche Verknotungen im benachbarten Raum. Knoten breiten sich aus und treten in Wechselwirkung mit ähnlichen Knoten an anderer Stelle. Kräfte beginnen, ihre Wirkung zu entfalten.

Doch das Vorhandensein von Teilchen und die Beständigkeit von Identitäten ist kein zwingenderer Grund für Dreidimensionalität als das Vorhandensein von Elefanten und Intelligenz. Wenn wir keinen anderen Grund für die Entstehung von drei Dimensionen finden, müssen wir die Möglichkeit einräumen, daß amorphe Universen existieren. Bislang wäre es reines Vorurteil zu leugnen, daß es andere Dimensionalitäten geben kann. Also müssen wir noch einen Schritt weitergehen.

Bekanntlich besitzt die Gravitation Eigenschaften, die die Zahl der Dimensionen widerspiegeln. Wenn die Raumzeit beispielsweise nur *eine* Raumdimension (und eine Zeitdimension) hätte, könnte es keine Materie geben, und Raumkrümmungen von beliebiger Größenordnung wären unmöglich. Bei zwei Raumdimensionen könnte es zwar Materie geben, aber der intervenierende Raum wäre zwangsläufig flach, so daß die Objekte nicht aufeinander einwirken könnten. Nur in einem dreidimensionalen Raum, in einem Raum wie dem unseren, kann Materie sowohl vorhanden sein als auch auf unmittelbare und ferne Nachbarn einwirken. Das Vorhandensein von drei Dimensionen schafft die Voraussetzung dafür, daß die Teile des Universums sich zu einer Ganzheit zusammenschließen. In weniger als drei Dimensionen würden sie entweder keine Form annehmen oder für immer vollkommen voneinander isoliert bleiben.

In einem Universum, das in seinen Grundstrukturen extrem einfach ist, aber eine Vielfalt von Eigenschaften besitzt, muß es viele unterschiedliche Kräfte geben. Eine so universelle Kraft wie die Gravitation muß dann jedoch nicht nur mit einer so universellen Kraft wie dem Elektromagnetismus vereinbar sein, sondern auch mit all den anderen Kräften, die Dinge zu

Die *Maxwellschen Gleichungen* beschreiben das elektromagnetische Feld. Sie waren insofern der erste Schritt zur Vereinheitlichung der Kräfte, als sie zeigen, daß Elektrizität und Magnetismus im Kern dasselbe sind. Man hat die Eindeutigkeit der Maxwellschen Gleichungen unter dem Gesichtspunkt der Raumzeitdimensionalität untersucht.[62] Zahlreiche Beobachtungen lassen darauf schließen, daß vier Dimensionen die günstigsten Bedingungen liefern. Beispielsweise sind Maxwells Gleichungen durch eine Symmetrie charakterisiert, die sich nur in vierdimensionaler Raumzeit offenbart, und nur in vier Dimensionen läßt sich auch eine bestimmte technische Operation am elektromagnetischen Feld vornehmen, der das Gravitationsfeld gleichfalls unterworfen werden kann. Die Forschungsarbeiten[62] fußen auf einer Bemerkung Einsteins: Die Gravitationsgleichungen für den leeren Raum würden ihr Feld ebenso zwingend bestimmen wie die Maxwellschen. Man hat nachgewiesen, daß diese Bemerkung nur für vier Dimensionen gilt. Daraus scheint zu folgen, daß sich Elektromagnetismus und Gravitation nur in vierdimensionaler Raumzeit zu einer vereinheitlichten Feldtheorie zusammenfassen lassen.

Was eine zweidimensionale Zeit für die Erhaltung der Energie bedeuten würde, ist bereits ausführlich erörtert worden.[63]

Elefanten zusammenschließen. In jeder Raumzeit, die eine andere Dimensionalität als unsere hat, scheinen sich diese Kräfte auszuschließen. Nur in einer Raumzeit mit unserer Dimensionalität – drei Dimensionen des Raums und eine der Zeit – sind Kräfte vereinbar mit dem Vorhandensein von Materie.

Auch die Dimensionalität der Zeit ist kein Zufall. Wenn die Zeit mehr als eine Dimension hätte, könnte man sich in der Zeit so frei bewegen wie im Raum. Die Struktur unserer Raumzeit sorgt dafür, daß die Konsequenzen gegenwärtigen Handelns in der Zukunft liegen. Das wäre ganz anders, wenn Zeit mehrdimensional wäre. Zeitungen mit zwei Datumsangaben würden nicht unbedingt über die Vergangenheit berichten.

Das Ende der Kausalität – die Auflösung der Kette von Ursache und Wirkung dadurch, daß plötzlich die Wirkung vor der Ursache läge – brächte mehr als Unordnung. Es brächte das Ende allen Seins. Wie ich gleich zeigen werde, wäre Zeitungen mit zwei Datumsangaben ebensowenig Dauer beschieden wie ihren Lesern und den Atomen ihrer Leser. Zuviel Zeit zu haben – das heißt zu viele Zeitdimensionen –, ist für den Wunsch nach Dauer ebenso tödlich wie zuwenig Zeit.

Zuviel Zeit bedeutet, daß bestimmte Hindernisse, auf die das Bestreben nach Veränderung trifft, zu leicht umgangen werden können. Vor allem ließen sich dadurch die Einschränkungen umgehen, die durch die Erhaltung der Energie auferlegt werden. Das hätte eine Reihe unerfreulicher Konsequenzen. Die Erhaltung der Energie ist die Voraussetzung für die Erhaltung der Materie. Wenn also die Energie nicht erhalten wird, wird auch die Materie nicht erhalten. Die Erhaltung der Materie wiederum bedeutet die Erhaltung der Falten und Knoten in der Raumzeit. Wird die Erhaltung der Energie aufgehoben, wird auch die Struktur der Raumzeit aufgehoben. Die Raumzeit wird durch die Erhaltung der Energie vor dem Zusammenbruch bewahrt. Doch bei einer anderen Dimensionalität der Zeit würde die Raumzeit zerfallen und mit ihr die Materie. Wenn die Zeit mehr als eine Dimension hätte, wäre es in Gedankenschnelle mit dem Universum vorbei. Zu reichlich mit Zeit ausgestattet, würde es den eigenen Schöpfungsprozeß nicht überstehen.

Doch warum gibt es Zeit überhaupt? Die Zeit ist nicht zu

Im Falle von (+,+,+,−) kann der Radius des Universums mit Null beginnen und seinen maximalen Wert zu irgendeinem späteren Zeitpunkt erreichen, um dann in sich zusammenzufallen. Im Falle von (+,+,+,+) würde sich das Universum auf einen minimalen Radius ungleich Null zubewegen oder umgekehrt, aber zu keinem Zeitpunkt wäre der Radius des Universums gleich Null, also könnte es auch keinen «Urknall» geben.[64]

unserem besseren Verständnis da, wir ziehen nur unseren Nutzen daraus, daß sie unabänderlich in die Zukunft fließt. Was hat die Zeit hervorgebracht? Warum entstand das Universum mit einer Zeit und nicht bloß als Raum außerhalb der Zeit, unbeschwert von Ewigkeit?

Auch hier beginnt sich eine Antwort abzuzeichnen. Würde der Raumzeit die Zeit fehlen und wäre sie ein wirklich vierdimensionaler Raum, in dessen Geometrie an Stelle des $-(ct)^2$ ein $+(ct)^2$ stünde, würde weder die Entwicklung in die eine noch die in die andere der beiden Richtungen entlang dieser vierten Dimension das Universum zu einem bestimmten Punkt bringen. Nur in unserem Zeittypus läßt sich das ganze Universum zu einem einzigen Punkt zurückverfolgen: Es hat einen Anfang. Bei der raumähnlichen Zeit des Alternativmodells ließe sich in der Geschichte des Universums kein Anfang ausmachen. Ohne Zeit in unserem Sinne gibt es keinen Anfang. Wenn es einen Anfang gibt – wenn es irgendwo in der Raumzeit einen punktartigen Schöpfungsvorgang gibt –, gibt es auch zwangsläufig eine Geometrie mit Zeitcharakter.

Wo sind wir? Wir haben gesehen, daß der Schauplatz aller Ereignisse die Raumzeit ist – Raum und Zeit vereinigt, aber unterschieden dank einer besonderen Geometrie. Diese Spezialgeometrie sorgt für Dauer und verhindert die Aufhebung des Universums gleich nach seiner Erschaffung. Wir haben gesehen, daß die Zeit eine unabdingbare Begleiterscheinung der Schöpfung ist. Als zusätzlichen Nutzen verdanken wir ihr die Erkennbarkeit der Ursachen. Kausalität macht das Universum potentiell verstehbar, und in Verbindung mit der Dreidimensionalität des Raums sorgt sie dafür, daß es auch tatsächlich verstanden wird.

Die Merkmale der Raumzeit – dieselben, die für ihre dauerhafte Struktur verantwortlich sind – haben zufällig auch die Evolution des Bewußtseins ermöglicht. Dieses Bewußtsein ist jetzt in uns und anderen eingebettet und verfügt über Fähigkeiten, dank derer es einfache Sachverhalte zu komplizierten Kunstwerken verschränken und komplexe Sachverhalte zu wissenschaftlichen Theorien vereinfachen kann.

Vierte Orientierung

Ich habe gezeigt, daß Materie und Energie Raumzeit sind und daß die Dimensionalität des Universums der Materie nicht nur ermöglicht, dazusein, sondern auch von Dauer zu sein. Das langsame und vielfältig verzahnte Abspulen der Schöpfung – das ich als natürlichen, spontanen und ziellosen Zerfall in diffuse und chaotische Gleichförmigkeit dargestellt habe – bringt als rasch welkende Blüten Bewußtsein und Bohnen, Zwecke und Zangen, Motive und Maschinen, Glauben und Verstand hervor. Das ist, was wir, die wir zu den sichtbaren Manifestationen des Universums gehören, als Sein erleben. Ich habe gezeigt, daß im Schöpfungsprozeß Raum und Zeit entstehen mußten. In der uns vertrauten Dimensionalität vermag das Universum jene Vielfalt von Eigenschaften hervorzubringen, die wir als Materie, Energie und Kräfte wahrnehmen: Es kann als Schauplatz für Ereignisse dienen – für Ereignisse von solcher Differenziertheit, daß die Dinge stellenweise ein Bewußtsein ihrer selbst entwickeln. Im Prinzip ist sich die Raumzeit ihrer selbst bewußt.

Die Entstehung von Raum und Zeit ist das zentrale Ereignis des Schöpfungsprozesses. Deshalb wende ich mich jetzt der Frage zu, wie sich die Prozesse beschreiben lassen, die zu diesem Ereignis geführt haben. Zuerst werde ich mir vorzustellen versuchen, was sich zu jener von uns als Raumzeit erkannten Struktur fügen ließ. Dann werde ich der Frage nachgehen, ob wir nicht auch auf den letzten helfenden Anstoß durch die Hand des unendlich faulen Schöpfers verzichten können. Dabei wird sich die Notwendigkeit dieses Schöpfers immer mehr verflüchtigen, bis er seine Hand schließlich überhaupt nicht mehr im Spiel hat, so daß die Entstehung des Universums ohne jeden Eingriff von außen, aus dem absoluten Nichts erklärbar wird.

Dinge erschaffen

Die Vorstellung von einer Prägeometrie, einer Wolke unstrukturierter Punkte, scheint auf Wheeler zurückzugehen.[8] Für «Wolke unstrukturierter Punkte» lese man «eine Borelsche Punktmenge, die noch nicht zur Vielfalt irgendeiner besonderen Dimensionalität geordnet ist».

Die zur Zeit geführte Diskussion der Phasenübergänge orientiert sich am Begriff der *Renormierungsgruppe*, mit deren Hilfe man verschiedene Systemklassen in jeder beliebigen Dimensionalität behandeln kann.[65]

Ich will jetzt hinter den Augenblick der Schöpfung – als es noch keine Zeit und noch keinen Raum gab – zurückgehen. Aus diesem Nichts entstand die Raumzeit, und mit der Raumzeit entstanden Dinge. Nach einiger Zeit entstand auch Bewußtsein, und das zunächst gar nicht vorhandene Universum konnte sich Gedanken über sich selbst machen.

In der «Zeit» vor der Zeit herrscht äußerste Einfachheit. Es gibt buchstäblich nichts. Doch um das Wesen dieses Nichts zu begreifen, ist der Verstand auf Krücken angewiesen. Das heißt, wir müssen uns, im Augenblick zumindest, irgend etwas vorstellen. Wir werden uns also zunächst *fast* nichts vorstellen.

Wir werden versuchen, uns nicht die Raumzeit vorzustellen, sondern die «Raumzeit», bevor sie Raumzeit wurde. Obwohl ich nicht erschöpfend erklären kann, was das bedeutet, werde ich doch den Versuch unternehmen, eine gewisse Ahnung davon zu vermitteln. Entscheidend ist, daß sich eine strukturlose Raumzeit durchaus denken läßt und daß man sich mit ein bißchen Nachdenken auch ein Vorstellungsbild dieses geometrisch amorphen Zustands schaffen kann.

Denken wir uns die Gebilde, die zunächst zur Raumzeit und später zu Elementen und Elefanten zusammengefügt werden sollen, als strukturlosen Staub. Zu der «Zeit», von der die Rede ist, gibt es keine Raumzeit, nur den Staub, aus dem einmal Raumzeit werden soll. Keine Raumzeit und keine Geometrie – das heißt lediglich, es läßt sich nicht sagen, ob ein Punkt dicht bei einem anderen liegt oder weit von ihm entfernt ist, ob er sich vor oder hinter dem anderen befindet. Es herrscht absolute Amorphie. Später werden wir auch den Staub noch eliminieren müssen. Doch er wird sich selbst überflüssig machen wie alle einfachen Dinge.

Bevor wir uns zur nächsten Station unserer Reise aufmachen, möchte ich auf Veränderungen wie Gefrieren, Kochen, Schmelzen und auf ihre Beziehung zu Tapetenmustern eingehen. Das Tempo solcher Veränderungen hängt ab von der Dimensionalität des Raumes, in dem sie stattfinden. In einem eindimensio-

Die 7 Friesmuster, 17 Tapetenmuster und 230 Raumgruppen sind alle sowohl für den dreidimensionalen Raum[66,67,68] wie für Räume mit mehr Dimensionen[69] beschrieben worden.

nalen Raum würde ein Wassertropfen nicht plötzlich gefrieren, sondern mit sinkender Temperatur langsam wie Butter fester werden. In zwei Dimensionen würde dieser Vorgang des Gefrierens rascher erfolgen, in drei Dimensionen sind die Übergänge noch kürzer. Wir können das Tempo solcher Veränderungen in Räumen mit verschiedener Anzahl von Dimensionen untersuchen (sogar in Räumen, deren Dimensionszahlen Brüche sind). Es läßt sich für stetig wachsende Dimensionszahlen beschreiben: eins, anderthalb, zwei, drei, bis hin zu vier und mehr Dimensionen. In vier Dimensionen erreicht das Tempo der Veränderung einen Gipfel und bleibt danach praktisch unverändert.

Die Heftigkeit solcher Veränderungen erwächst aus der Zusammenarbeit von Nachbarn. Wenn ein Molekül sehr viele Nachbarmoleküle hat, erfolgt die Umgruppierung zu einem anderen Aggregatzustand – etwa die Veränderung von flüssig zu fest durch Gefrieren – kooperativ und rasch. Mit zunehmender Zahl der Dimensionen wächst auch die Zahl der Gegenstände in der unmittelbaren Nachbarschaft eines Punktes. Infolgedessen werden die Übergänge unvermittelter. In vier Dimensionen hat jedoch jeder Punkt so viele Nachbarn, daß jede weitere Zunahme keine Rolle spielt. Mit zunehmender Dimensionalität hat auch die Komplexität zugenommen, und diese Steigerung der Komplexität ist praktisch abgeschlossen, wenn die Dimensionalität die Zahl vier erreicht hat.

Eine gewisse Vorstellung von dem Tempo, mit dem sich die Komplexität bei zunehmender Dimensionalität steigert, liefert die Gesetzmäßigkeit von Mustern. Ein eindimensionaler Raum ist wie ein Fries, und es erweist sich, daß es in ihm nur sieben Grundmuster gibt: Alle jemals angefertigten Friese lassen sich einem dieser sieben Muster zuordnen. Ein zweidimensionaler Raum ist wie eine Tapete. Es gibt siebzehn unterschiedliche Tapetenmuster. Natürlich gibt es sehr viel mehr *Entwürfe*, denn die grundlegende Symmetrie der siebzehn Grundmuster kann in höchst unterschiedlichen Gestalten erscheinen – Blumen der verschiedensten Art, Pfauenfedern, Farben und Formen. Doch die ganze große Vielfalt der Entwürfe läßt sich den siebzehn Kategorien zuordnen. Die erhöhte Komplexität des zweidimensionalen Raums drückt sich in dem

In der Tat ist der Schöpfungsvorgang als Phasenübergang geschildert worden.[70] In dem Artikel geht es vor allem um die Frage, wie das Universum mit gleichen Mengen von Materie und Antimaterie hat beginnen und dann asymmetrisch wachsen können, so daß es sich jetzt gänzlich aus Materie zusammensetzt. Dazu heißt es: «Man kann spekulieren, daß das Universum im Zustand größtmöglicher Symmetrie begann und daß es in einem solchen Zustand keine Materie gab; das Universum war ein Vakuum. Dann zeichnete sich ein zweiter Zustand ab, und in ihm gab es Materie. Der zweite Zustand besaß etwas weniger Symmetrie, dafür aber auch weniger Energie. Schließlich bildete sich ein rasch anwachsender Flecken der weniger symmetrischen Phase. Die durch den Übergang freigesetzte Energie nahm in der Erzeugung von Teilchen Gestalt an. Dieses Ereignis wird im allgemeinen als ‹Urknall› bezeichnet.»

Übergang von sieben zu siebzehn aus. Wie sieht es im dreidimensionalen Raum aus? Es gibt 230 verschiedene dreidimensionale Muster. Es handelt sich um die 230 Grundformen der Kristalle. 7, 17, 230 ... Die Zahl der Muster in vier Dimensionen beträgt ungefähr 5000. Wir sehen, mit welchen Riesensprüngen sich die Zahl erhöht. Vier Dimensionen weisen eine enorm gesteigerte Komplexität möglicher Muster auf.

Die Schöpfung war wie das Gefrieren von Wasser. Im Prozeß der Schöpfung nahm der strukturlose Staub von Punkten jene Ordnung an, die wir heute als Raumzeit erkennen. Die Raumzeit ist vierdimensional, weil jeder Punkt sich dann in einer Nachbarschaft befindet, die so komplex ist, daß sie vielerlei Eigenschaften besitzt, Eigenschaften, die, wie wir jetzt wissen, als Teilchen und Kräfte in Erscheinung treten und die Dauer des Universums garantieren. Ferner wird den Mustern – den Knoten – Beständigkeit verliehen durch die drei Dimensionen des Raums, und dank der einen Dimension der Zeit haben sie Auswirkungen auf die Zukunft.

Zufällig entstand die Raumzeit aus ihrem eigenen Staub. Dazu bedurfte es keines Eingriffs von außen. Bevor sich Zeit und Raum herausbildeten, gab es beziehungslose Punkte, Punkte, zwischen denen noch keine Wechselwirkung bestand. Sie hatten noch keine Geometrie, und deshalb gab es auch noch keine Raumzeit.

Stellen wir uns den Urstaub als Wirbel vor, die sich gelegentlich zu dichteren Wolken zusammenballen. Ursprünglich läßt sich von den Punkten weder sagen, daß sie einander benachbart sind, noch, daß sie aufeinander folgen, denn die Begriffe von Nähe und Reihenfolge sind noch bedeutungsleer.

Die wirbelnden Punkte können sich in so großer Zahl zusammenballen, daß sich Beziehungen – Muster, Knoten – herstellen, zumindest in örtlich und zeitlich begrenztem Rahmen. Manchmal mag sich ein Flecken dieser Geometrie außerhalb der Zeit bilden; manchmal mag ein flüchtiger Flecken Zeit außerhalb des Raums entstehen. Dann wieder können sich Punktflecken zu Strukturen zusammenfinden, die sowohl in räumlicher wie in zeitlicher Dimension liegen, aber auch sie haben noch keinen Bestand.

Es ist nicht ganz klar, welche Rolle das Wort «unwahrscheinlich» in dieser Diskussion spielt. Sicherlich kann man es, wie in dem Buch ‹*Gravitation*›, als «statistisch von geringer Bedeutung» bezeichnen.[8] Doch wenn wir uns wirklich außerhalb der Zeit befänden, müßte eigentlich jedes Ereignis, gleich welchen Wahrscheinlichkeitsgrades, stattfinden, vorausgesetzt, es wäre nicht völlig unmöglich. Wenn dem so ist, müßten «andauernd» Universen geschaffen werden. Die gegenwärtige Anzahl der Universen wäre unendlich und würde unendlich rasch anwachsen. Obwohl schwindelerregende Ausblicke eröffnend, bringt uns diese Spekulation natürlich noch nicht an die Grenze des Vorstellbaren.

Es ist unwahrscheinlich, daß der Zufall einen zwölfdimensionalen Raum und eine fünfzehndimensionale Zeit entstehen läßt, denn zum Auftreten einer so komplexen Struktur wäre eine zu große Vielfalt von zufällig sich entwickelnden Ordnungsprozessen erforderlich. Aber die zufällige Bildung eindimensionaler Streifen Zeit oder Raum (in einer Dimension sind sie nicht zu unterscheiden) ist durchaus denkbar. Solche Gebilde erwachsen aus der ungeplanten, zufälligen Anordnung bislang beziehungsloser Punkte, wie ja auch echte Staubpartikeln durch einen Lufthauch in einer Linie aufgereiht werden können. Und wie echter Staub fällt das Gebilde auseinander, da es auf Grund der niedrigen Dimensionalität an Nachbarn und infolgedessen auch an der erforderlichen Vielfalt von Eigenschaften mangelt. Das ephemere, eindimensionale Universum, das der Zufall hervorbrachte, fällt auseinander, und die gerade erst im Ansatz entstandene Struktur versinkt wieder in Strukturlosigkeit.

Auch an anderen Orten (allerdings gibt es noch keine Orte) und zu anderen Zeiten (die es gleichfalls noch nicht gibt) läßt der Zufall aus dem Staub der Raumzeit winzige eindimensionale Universen entstehen. Aber kaum vorhanden, zerfallen sie schon wieder und verschwinden ohne Spur. Eine große Anzahl solcher totgeborenen Universen bildet sich. Sie konstituieren einen Ort oder begründen eine Epoche, aber sie sind nicht lebensfähig, fallen auseinander und sterben ohne Geschichte.

Das flackernde, fließende Auftauchen und Verschwinden kaum entstandener Universen können wir uns vorstellen als ziel- und zwecklose Zusammenkunft von Punkten in irgendwelchen Mustern. In dieser ungeheuren Zahl von Zufallsgebilden gibt es ein oder zwei (oder eine beträchtliche, aber vergleichsweise kleine Anzahl) nicht so wahrscheinliche, komplexere Zusammenballungen, die zweidimensionale Universen bilden. Viele dieser weniger wahrscheinlichen, aber doch sehr zahlreichen Gebilde werden so zusammengesetzt sein, daß ein zweidimensionaler Raum ohne Zeit festgelegt wird. Er ist eine Fläche ohne Dauer. Andere finden sich – wiederum durch Zufall – zu echten zweidimensionalen Raumzeiten zusammen, mit einer Raumlinie und einer Zeitrichtung. Aber auch ihnen

In kleinem Maßstab ist die Raumzeitgeometrie überall um uns her (und in unserem Innern) Fluktuationen unterworfen.[64] Ständig und überall fällt die Raumzeitgeometrie in sich zusammen und baut sich wieder auf, aber das geschieht in so kleinem Maßstab, daß es sich unserer Aufmerksamkeit entzieht. Die Größenordnung, in der sich diese Fluktuationen bemerkbar machen, liefert die *Plancksche Elementarlänge*, die $1{,}6 \times 10^{-33}$ cm entspricht. Das läßt, wie Wheeler schreibt, auf die «schaumartige Beschaffenheit des Raums» schließen.[64]

Dies ist das Thema einer zukünftigen Physik. Das Bild, das ich hier entwerfe, ist unscharf, weil ich darüber spekuliere, wie die endgültige Lösung des Schöpfungsproblems eines Tages aussehen könnte. Während sich präzise und – mit Glück – auch umständlich über bewiesene Konzepte reden läßt (weil es da etwas zu verstehen und mitzuteilen gibt), müssen Äußerungen über die Ereignisse vor dem Schöpfungsakt vage bleiben, weil es hier an quantitativen Beweisen fehlt.[71,72] Trotzdem gibt es gute Gründe, diese Überlegungen nicht als lächerlich und unwissenschaftlich abzutun. Erstens muß es irgendeinen Mechanismus geben, der den Schöpfungsprozeß in Gang gesetzt und gesteuert hat. Diese Ausführungen sollen lediglich deutlich machen, daß es *möglich* ist, die Schöpfung und die ihr vorausgehenden Ereignisse zu erklären. Dieses Ziel werden wir jedoch erst dann erreicht haben, wenn es uns gelungen ist, einen quantitativen Ausdruck für die Möglichkeit zu finden. Sobald das geschehen ist, wird die Verbalisierung, wie ich vermute, eine ähnliche Form annehmen wie hier dargelegt. In gewisser Hinsicht handelt es sich nur um eine Vermutung, aber alle Entwicklungstendenzen in der modernen Naturwissenschaft sprechen für sie.

fehlt noch die erforderliche Komplexität zum Überleben. Ihre Überlebenschance ist nicht größer als die einer kleinen Staubwolke, die sich in einem Sonnenstrahl zufällig und flüchtig zu einer ebenen Fläche zusammenfinden. Solche Universen bilden sich, bilden sich auch zum gegenwärtigen Zeitpunkt außerhalb unseres Raums und unserer Zeit. Doch ist ihnen keine Dauer beschieden. Wie sie kommen, so vergehen sie. Sie zerfallen in den strukturlosen Staub, aus dem der Zufall sie geformt hat. Sie hinterlassen keine Spur in Raum oder Zeit, weil sie ihren eigenen Raum gebildet und ihre eigene Zeit bestimmt haben. Wenn sie sterben, stirbt ihre Raumzeit mit ihnen.

Eindimensionale Universen waren wenig wahrscheinliche Punktmuster. Zweidimensionale Universen waren noch weniger wahrscheinliche Muster der gleichen Punkte mit komplizierteren, vielfältigeren, aber immer noch nicht hinreichend vielfältigen Beziehungen. Noch viel weniger wahrscheinlich ist eine Zufallsballung, die zu einer Raumzeit mit drei Dimensionen führt. Doch selbst diese Raumzeit ist noch zu locker strukturiert. Die Punkte haben mehr Nachbarn als in den beiden wahrscheinlicheren Vorläuferuniversen (die, da sie sich außerhalb von Raum und Zeit befinden, nach ihrer Auflösung keine wirklichen Vorläufer sind und in einem anderen Hier und einem anderen Jetzt neue Strukturen bilden und sich abermals auflösen). Immer noch nicht komplex genug, können sie die eigene Entstehung nicht überleben. Sie bilden sich aus tanzendem Staub, besitzen keine festere Struktur als eine Staubwolke und zerfallen wieder. Durch Zufallsfügung kommt es zu großen Mengen solcher dreidimensionalen Universen, die an ihrer Strukturarmut scheitern und wieder zu Staub werden.

Dann (was immer das auch außerhalb der Zeit bedeuten mag) nahm eine der Punktballungen zufällig ein Muster von solcher Komplexität an, daß es die Bedingungen der Vierdimensionalität erfüllte. Doch waren es vier Dimensionen des Raums und keine der Zeit. Das führte zu Wechselbeziehungen, die ein hohes Maß an Komplexität aufwiesen, aber noch nicht vielfältig genug waren, um überleben zu können. Wie so viele Gebilde vor ihm, zerfiel auch diese Zufallsballung wieder zu strukturlosem Staub.

Nahegelegt wurde der Gedanke dadurch, daß sich Raumzeit und Geometrie als eine Physik begreifen lassen, die aus der Statistik der weitreichenden Lehrsätze entstanden ist.[64] Diese Überlegung liegt den Bemerkungen über «Beziehungen» zugrunde: die Möglichkeit, Dinge zu in sich schlüssigen Netzen zu verknüpfen. Die Teilchen wären die nach der Logik des Ganzen zulässigen Elemente, die Netzverknüpfungen die Knoten in der Raumzeit. Nur in drei Dimensionen des Raums und in einer der Zeit kann dieses logische Netzwerk genügend Vielfalt (und Stabilität) gewinnen. Im Anhang, auf den hier Bezug genommen wird, räumen die Autoren ein, daß sie sich irren können, was aber nicht heißt, daß der Gedanke falsch sein muß.

Eines der vierdimensionalen Muster war eine vierdimensionale Raumzeit. Wir wissen, daß sie sich zumindest einmal gebildet hat. Und die Vermutung liegt nahe, daß sie sich außerhalb unseres Raums und unserer Zeit ständig wieder ereignet. Doch es war diese besondere Staubformation, die Konsequenzen für uns hatte. In dieser Fluktuation fanden sich die Punkte – zufällig – zu einem Muster zusammen, das wir als drei Dimensionen des Raums und eine der Zeit erkennen.

Die Fluktuation, der wir unsere Entstehung verdanken, war vierdimensional und deshalb komplex genug hinsichtlich ihrer Nachbarschaftsbeziehungen. Außerdem war ihre Geometrie eine Raumzeitgeometrie. Als solche vermochte sie jene Beziehungsvielfalt zu realisieren und zu bewahren, die wir als Materie und Kräfte interpretieren. Plötzlich und zufällig ist da ein Universum, das sich als eine Ansammlung lebensfähiger Beziehungen präsentiert. Die Beziehungen sind so differenziert und komplex, daß die fließende Formation Stabilität gewinnt. Statt wieder auseinanderzuwehen wie all die anderen unwahrscheinlichen Zufallsgebilde zuvor, erstarrt diese extreme Unwahrscheinlichkeit zur Existenz. Dieses besondere Universum überlebte. Es war der Keim für die ganze komplizierte Organisation unserer Raumzeit. Das Universum hatte zu existieren begonnen. Durch Zufall.

Aber was sind diese Punkte? Woher kommen sie? Sind sie gemacht worden oder sind sie von selbst entstanden? Bleibt noch etwas zu tun im Schöpfungsakt? Ist unendliche Faulheit unerreichbar?

Wir befinden uns jetzt im Zentrum der Schöpfung. Aber wir brauchen noch einen weiteren Begriff, einen Begriff, der erklärt, wie Dinge aus nichts entstehen können. Ich glaube, es gibt ihn, und ich möchte versuchen, ihn verständlich zu machen.

Der Schlüssel zu diesem Begriff liegt in der Tatsache, daß Gegensätze sich aufheben. Wenn wir uns die Umkehrung dieses Aufhebungsprozesses vorstellen, sehen wir die Gegensätze aus dem Nichts hervortreten. Die Entstehung der Welt läßt sich als ein solcher Destillationsvorgang darstellen. Im Schöpfungsprozeß muß das Nichts gewissermaßen in extrem einfache Gegensätze zerlegt werden. Wenn bei der Zerlegung hinreichend kom-

Ich zitiere aus dem obenerwähnten Anhang: «Für den Aufbau der Physik läßt sich kaum ein einfacheres Grundelement vorstellen als die Wahl zwischen Ja und Nein, wahr und falsch, offenem oder geschlossenem Kreis. Im Kontext von Kreisen erhalten wir durch die Kombination solcher Elemente einen Schaltkreis ... Er entspricht im Aussagenkalkül der mathematischen Logik einer Aussageform ...»[64]

Dies könnte der eigentliche Grund dafür sein, daß sich das Universum mathematisch beschreiben läßt: Mathematik ist ein logisches System. Wenn die hier dargelegte Auffassung von der innersten Beschaffenheit des Universums zutreffen sollte, dann kann es niemanden überraschen, daß sich die Mathematik zu seiner Beschreibung eignet. In gewisser Hinsicht ahmt die Mathematik diese innerste Struktur nach. Eine Formel auf einem Blatt Papier ist Ausdruck einer bestimmten Gruppe von Beziehungen, die in die Raumzeitstruktur eingebettet sind.

plexe Muster entstehen, gewinnen die Gegensätze Stabilität und können ihre ganze Vielfalt entwickeln.

Es gibt in unserem Universum ein Beispiel für solches Verhalten: die Beziehung zwischen Materie und Antimaterie. Wenn ein Teilchen und sein Antiteilchen zusammenprallen, lösen sie sich praktisch in nichts auf, in ein Aufflackern von Energie. Umgekehrt lassen sich Teilchen und Antiteilchen aus praktisch nichts erzeugen. Unser Universum ist durchsetzt mit dieser Form von Aktivität – mit Energie (aufgewickelter Raumzeit), die Teilchen und Antiteilchen erzeugt, mit Teilchen und Antiteilchen, die in ihrem Zusammenprall wieder zu Energie werden.

Ich habe darauf hingewiesen, daß ein Schöpfungsprozeß nicht spontan so vielfältige und komplexe Gebilde wie Teilchen und Antiteilchen in fertiger Gestalt hervorbringen kann – von Elefanten und ihresgleichen ganz zu schweigen. Die Schöpfung kann nur primitivste Strukturen erzeugen, Strukturen, die so einfach sind, daß sie aus absolutem Nichts hervorgehen können. Die allereinfachste bleibt noch zu entdecken.

Die allereinfachste Struktur wird charakterisiert (ich glaube nicht, daß ein deutlicheres Wort erlaubt ist) durch den Unterschied zwischen einem Punkt und keinem Punkt, oder zwischen eins und minus eins. In letzter Konsequenz muß die Grundlage des Universums so einfach sein wie der Unterschied, der durch 1 und –1 symbolisiert wird, durch ja und nein oder, nüchterner, durch wahr und falsch. Die elementaren Schöpfungsbausteine müssen von dieser einfachen binären Form sein. Alles, was noch einfacher ist, hat keine Eigenschaften. Nur der Unterschied von 1 und –1, eins und nicht eins, Punkt und kein Punkt ist einfach genug, um erschaffbar zu sein, und gleichzeitig vielfältig genug, um – wenn (wie in der Mathematik und in der Logik) ausreichend verkettet – zu Eigenschaften zu führen. Der Ursprung des Universums ist ein Staub von binären Formen. Das ist der Raumzeitstaub.

Aber wodurch wird die Scheidung der Gegensätze in die Welt gebracht?

Ich möchte noch eine letzte wichtige Voraussetzung erläutern, bevor ich den Versuch unternehme, alles zusammenzufü-

Die Beschreibung von Antiteilchen als Teilchen, die sich in der Zeit rückwärts bewegen[73], wurde von E. C. G. Stückelberg vorgeschlagen und von R. P. Feynman weiterentwickelt. Man hat die Vermutung geäußert, die Identität aller Elektronen im Universum rühre daher, daß es nur eines gäbe und daß wir einen Querschnitt seiner Bahn wahrnehmen würden, während es vorwärts und rückwärts durch die Zeit jage. Deshalb würde der Eindruck entstehen, daß wir es mit vielen zu tun haben. Es heißt, J. A. Wheeler habe diese Vermutung in einem Telefongespräch mit R. P. Feynman geäußert (oder umgekehrt).[74] Kühne Spekulationen dieser Art sind, unabhängig von ihrem Wahrheitsgehalt, kennzeichnend für die wissenschaftliche Haltung, wenn auch nicht für die wissenschaftliche Methode. Natürlich soll das nicht heißen, daß plötzlich ein Elefant und ein Anti-Elefant aus dem Nichts geboren werden können. Deshalb habe ich soviel Wert auf die Suche nach einfachsten Elementen gelegt. Nur Dinge von *extremer* Einfachheit können hinreichend einfach sein, um in einer Art und Weise, auf die ich noch eingehen werde, aus dem Nichts aufzutauchen.

Das Zusammentreten unabhängiger, zweiteiliger Elemente zu einer Raumzeit, die Entstehung einer Geometrie, ist die Grundlage der *Twistor-Theorie*.[75]

gen und ein Gesamtbild zu entwerfen. Diese Voraussetzung ist die besondere Rolle der Zeit: Die Zeit scheidet die Gegensätze.

Bei der Erarbeitung dieses Begriffes kann uns abermals das Gegensatzpaar Materie und Antimaterie helfen. Ein Teilchen und sein Antiteilchen unterscheiden sich durch ihre Ausbreitungsrichtung in der Zeit. Statt uns Teilchen und Antiteilchen als eigenständige, aber verdächtig ähnliche Arten vorzustellen, können wir ein Antiteilchen als das sich in der Zeit rückwärts bewegende Gegenstück seines Teilchens begreifen. Ein Elektron bewegt sich vorwärts in der Zeit, ein Anti-Elektron rückwärts.

Gegensätze unterscheiden sich durch ihre Richtung in der Zeit – zumindest wenn sie einfacher Art sind. Sobald wir also eine Zeit haben, haben wir auch die Möglichkeit, Gegensätze zu unterscheiden, die sich, wenn es keine Zeit gibt, in nichts auflösen.

Nun befinden wir uns im Kern des Zentrums – vielleicht schon jenseits der Schwelle, die uns vom Verständnis trennt, möglicherweise aber auch noch unmittelbar davor. In großen Zügen aber dürfte deutlich geworden sein, wie die Welt «sich selbst begonnen» hat.

Zwei Zutaten sind erforderlich. Erstens brauchen wir die Punkte, die sich zu den Zeit und Raum bestimmenden Mustern zusammenfinden. Zweitens brauchen wir die Punkte, die von der Zeitstruktur in ihre Gegensätze zerlegt werden. Die Zeit verleiht den Punkten Leben; die Punkte verleihen der Zeit Leben. Die Zeit brachte die Punkte in die Welt, und die Punkte brachten die Zeit in die Welt. Das ist der kosmische Reißverschluß, der unser Universum zusammenhält.

Ich möchte diesen schwierigen Gedanken (zumindest empfinde *ich* ihn so: schwierig, aber gerade noch faßbar) noch einmal in etwas anderer Form ausdrücken. Ich habe die Gegensätze durch die Symbole 1 und –1 wiedergegeben. Wie bereits erwähnt, können sie für einen Punkt und sein Nichtvorhandensein oder für jedes andere hinreichend einfache Gegensatzpaar stehen. 1 und –1 sind, wenn wir sie in diesem Sinne als Symbole für Gegensätze nehmen, unterschieden durch die Richtung, die sie in der Zeit einschlagen. –1 ist 1, das sich in der Zeit rück-

wärts bewegt. Gibt es keine Zeit, verschmelzen 1 und –1 zu – nun, zu $1-1=0$, zu nichts.

Die schwierige, aber gerade noch nachvollziehbare Spekulation, die im Mittelpunkt meiner Überlegungen steht, besagt, daß das Universum durch einen selbstbezüglichen Vorgang entstanden ist. Ich habe demonstriert, daß 1 und –1, die Punkte und ihre Abwesenheit, bei geeigneter Anordnung Zeit und Raum konstituieren. Doch um vorhanden zu sein und um zu entstehen, brauchen Punkt und Nicht-Punkt die Zeit, denn die Zeit zerlegt sie, scheidet sie und zieht sie aus dem Nichts. Das ist die zentrale Selbstreferenz: die Entstehung der Zeit aus ihrem Staub; die Entstehung des Staubs durch die Strukturierung der Zeit.

Kurz, der entscheidende Gedanke ist, daß die Raumzeit im Zuge ihres selbsttätigen Aufbaus ihren eigenen Staub erzeugt. Das Universum kann aus nichts entstehen. Ohne Eingriff. Durch Zufall.

Fünfte Orientierung

Ich habe gezeigt, daß keine Notwendigkeit für uns besteht, uns für etwas anderes als Verästelungen des Zufalls zu halten. Der Zufall kann das Universum zusammengefügt haben, wie es vielleicht noch fortlaufend außerhalb unseres Raums und unserer Zeit geschieht, indem andere Universen einen eigenen Raum und eine eigene Zeit festlegen. Ich habe darzustellen versucht, daß die fließende Fügung zu einem Muster, das sich als komplex genug erwies, um Stabilität zu gewinnen, jener Zufallsprozeß gewesen ist, der ohne jede Intervention hat auskommen können. Er hat uns hervorgebracht (und wird uns gewiß auch irgendwann wieder von der Bildfläche verschwinden lassen). Wir haben sogar eine erste Vorstellung davon gewonnen, wie das Universum aus dem absoluten Nichts (und durch Zufall) die eigene Existenz herbeiführen konnte.

Damit sind wir wirklich am Ende unserer Reise. Wir sind zurückgegangen bis in die Zeit vor der Zeit und haben die Spur bis zum vermeintlichen Sitz des unendlich faulen Schöpfers zurückverfolgt – natürlich ist er nicht da. Wir haben – wenn auch nicht mit letzter Klarheit – gesehen, wie Dinge aus dem Nichts entstehen. In großen Zügen haben wir das Wesen des Seins aus dem Wesen der Raumzeit erklärt und mit den eng verflochtenen Konsequenzen jenes Abspulprozesses, der aus dem ziellosen Zerfall in Chaos besteht. Wir befinden uns mitten in diesem Abspulprozeß.

Wir können jetzt alle unsere Spekulationen zusammentragen und in unserer Phantasie eine Blitzreise durch die Ewigkeit unternehmen. Wir werden vor dem Anfang anfangen, allen Spekulationen freien Lauf lassen und die Entwicklung des Universums über die Grenze seiner Zukunft hinaus verfolgen.

Erschaffene Dinge

Zuerst ist der Anfang.

Am Anfang war das Nichts. Absolute Leere, nicht nur leerer Raum. Es gab keinen Raum und keine Zeit, denn es war vor der Zeit. Das Universum war ohne Form und ohne Ausdehnung.

Zufällig kam es zu einer Fluktuation, und eine Gruppierung von Punkten, die aus dem Nichts kamen und existent wurden dank des von ihnen gebildeten Musters, legte eine Zeit fest. Die zufällige Bildung eines Musters führte zur Entstehung der Zeit aus verschmolzenen Gegensätzen, einer Entstehung aus dem Nichts. Aus dem absoluten Nichts und ohne die geringste Intervention entwickelte sich rudimentäre Existenz. Das Auftauchen einer Wolke von Punkten und ihre zufällige Formation zu Zeit bildeten den völlig ungeplanten, absichtslosen Prozeß, der sie entstehen ließ. Gegensätze von extremer Einfachheit kamen aus dem Nichts hervor.

Doch die Zeitlinie zerfiel, und das entstehende Universum verflüchtigte sich, denn Zeit allein ist nicht komplex genug, um existieren zu können. An anderer Stelle entstanden Zeit und Raum, aber auch sie zerfielen wieder zu Staub, die Gegensätze verschmolzen, nichts blieb.

Wieder und wieder bildeten sich Muster. Jedesmal legten die Muster eine Zeit fest. Dadurch daß die Punkte sich zu einer Zeitstruktur anordneten, führten sie ihre Existenz herbei. Manchmal wiesen die Zufallsmuster zwei Dimensionen dessen auf, was wir als Zeit bezeichnen würden. Da dann das Vorher vom Nachher aus zu erreichen war, waren die Gegensätze nicht unterschieden. Es gab keine Stabilität, und die Gegensätze verschmolzen wieder zu nichts.

Manchmal schuf der Zufall Punktstrukturen, die sowohl einen Raum wie auch eine Zeit definierten. Doch es war kein Platz für Komplexität – so löste sich das Muster wieder auf, das der Zufall hervorgebracht hatte. Es verlor die Zeit und mit der Zeit seine Existenz.

Ebenso zufällig entstand dann unsere Fluktuation. Punkte erlangten Existenz, indem sie Zeit konstituierten, aber dieses

Mal, in dieser Struktur hatten sich zu der Zeit drei Raumdimensionen gesellt. Eine Geometrie war geschaffen, die komplex und differenziert war. Ihre Komplexität erwuchs aus der großen Zahl von Nachbarn auf engem Raum, und ihre Differenziertheit ermöglichte die Existenz von Materie, Energie und Kräften. Diese wiederum sorgten für Stabilität, später für Elemente und noch später für Elefanten. Diese Fluktuation – wir brauchen uns nur umzuschauen – überlebte.

Die erste Generation der Raumzeit ließ Verwerfungen und Falten zurück. Die aus den lokalen Verwerfungen gebildeten dauerhaften Knoten sind die Teilchen, die jetzt Dinge wie Elefanten konstituieren. Verschiedene Teilchenarten sind verschiedene Arten von Knoten in der Raumzeitstruktur. Wie normale Knoten verschiedene Verschlingungen einer Schnur sind, sind verschiedene Raumzeitknoten verschiedene Gruppierungen der binären Gebilde, die mit dem Schöpfungsvorgang in die Welt kamen. Verschiedene Teilchen sind also verschiedene topologische Raumzeitstrukturen an verschiedenen Orten. Die Einbettung dieser lokalen Strukturen in die Raumzeit hat weitreichende Konsequenzen. Vor allem führt sie zum Phänomen der Gravitation, der globalen Verwerfung der Raumzeit.

Das Universum strebt nach umfassender Gleichförmigkeit, einer dreidimensionalen Ebenheit. Energie, zu der auch Materie gehört, ist aufgerollte Raumzeit. Aufgerollte Raumzeit ist die Uhrfeder des Universums, und unsere Taten sind wie alle anderen Geschehnisse Aspekte ihres Abspulprozesses. Die Evolution des Universums ist die Glättung der Raumzeitfalten.

Die Zukunft kann auf zweierlei Art enden.

Die eine Möglichkeit: Die Knoten lösen sich auf und entflechten sich, die räumlich begrenzten Falten verschwinden, so daß die Raumzeit im Laufe der Zeit überall und ewig glatt wird. Das Universum existiert zwar weiter, ist aber abgespult. Alle Aktivität ist erstorben; es ist gleichförmig und unwiderruflich tot.

Die andere Möglichkeit: Es kann so viele räumlich begrenzte Knoten geben und ihre Entflechtung kann so langsam vonstatten gehen, daß die Gesamtmenge ihrer nahen und fernen Drehbewegungen das Universum wieder aufzieht und der ganze Pro-

Paare von Quarks und Antiquarks gibt es; sie vermitteln die starke Wechselwirkung. Aber man hat nur Dreiergruppen von Quarks (oder Antiquarks) beobachtet. Die Existenz von Quarks wird nicht mehr ernsthaft in Zweifel gezogen: Experimente an Protonen haben gezeigt, daß sie eine Binnenstruktur haben, die sich verhält, wie man es von drei Quarks erwarten würde. Vor allem scheinen sich Quarks wie dimensionslose Punkte (wie Elektronen) zu verhalten.[7,19,76] Es gibt Spekulationen über die Binnenstruktur[77], die, wenn sie zutreffen sollten, die Materie-Antimaterie-Asymmetrie des Universums aufheben könnten.

zeß von vorn beginnt. Dieser Vorgang wäre kein Schöpfungsakt, sondern Erneuerung. Vielleicht leben wir in einem solchen erneuerten Universum, während die echte Schöpfung Generationen von Universen zurückliegt. Die Regenerationsfähigkeit dieser Universen mag der Zukunft unbegrenzte Dauer verleihen, doch im Ursprung der Vergangenheit muß ein echter Schöpfungsakt liegen (es sei denn, die Zeit wäre kreisförmig).

Und schließlich gibt es die Gegenwart.

Augenblicklich lebt unser Universum. Sein Leben – seine Aktivität in all ihren verschiedenen Formen – wird durch das Gleichgewicht der Kräfte ermöglicht, welche die Bewegung steuern, die Atome aufbauen und sie zu Elefanten und Milchstraßen zusammenschließen.

Die verborgensten Kräfte sind diejenigen, die die elementarsten Bestandteile der erkennbaren Welt, die Quarks, zusammenhalten. Quarks – oder zumindest ihre hypothetischen Bestandteile – scheinen keine Feinstruktur mehr zu besitzen. Wir können also davon ausgehen, daß die letzte Schicht der Zwiebel entfernt ist. Die Quarks sind Existenz ohne Extension. Sie kommen stets zu dritt vor, und die Kraft, die sie zusammenhält, ist so mächtig, daß die Vorstellung, Quarks zu trennen, so abwegig erscheint wie die Absicht, die drei Dimensionen des Raums zu trennen – und vielleicht ist das tatsächlich der Grund für ihre Untrennbarkeit. Mit der Entdeckung der Quarks ist es uns gelungen – oder zumindest fast gelungen –, zur einfachsten Manifestation der Verkettung fundamentaler Formen vorzudringen. Vielleicht wäre die Entflechtung der Dreierformation von Quarks gleichbedeutend mit der Entflechtung des Raums.

Es gibt auch andere Kräfte. Die Gravitation zum Beispiel, die zwischen allem wirkt – zwischen Energieklumpen und Materieklumpen genauso wie zwischen verschiedenen Materieklumpen – und die schwach, aber unwiderstehlich und allgegenwärtig das Universum zu einer Einheit zusammenschließt. Ferner gibt es die elektrische Kraft, die für den schwachen Zusammenhalt zwischen Kernen und Elektronen sorgt und Atome aufbaut, jene empfindlichen Strukturen, die mit ihrer Reaktionsbereitschaft und Formbarkeit die Voraussetzung für die Evolution der komplexen Eigenschaft schufen, die wir Le-

Bei dem Versuch, die Werte der universellen Konstanten abzuleiten, hat man praktisch keinerlei Fortschritte erzielt. Das könnte bedeuten, daß sich überhaupt keine Fortschritte erzielen lassen, wie kein Fortschritt möglich ist bei dem Versuch, den Wert der Zahl π zu erklären, mit deren Hilfe der Kreisumfang aus dem Radius errechnet wird (aber der Nachweis, daß es sich um spezifisch topologische Parameter handelt, wäre natürlich auch ein Fortschritt). Viele Leute haben Kombinationen von π entwickelt, die fast den richtigen experimentellen Wert von α ergeben, aber es gibt statistisch gesehen zahlreiche Möglichkeiten, auf Zahlen zu kommen, die nahe bei $1/137{,}0360$ liegen.

Der einfachste Ausdruck für α, der auch dem Experimentalwert von 1980 entspricht (auf sieben Dezimalstellen genau), lautet $1/\sqrt{(137^2+\pi^2)}$, aber das kann auch bloßer Zufall sein. Vielleicht ähnelt das Problem dem Versuch, den Wert des Goldenen Schnitts zu «erklären»[78] $\varphi = \frac{1}{2}(1 + \sqrt{5}) = 1{,}61803$.

Wie oben erwähnt, ist die Frage, ob das Universum offen oder geschlossen ist, selbst noch offen, wenn man auch mehr dazu neigt, es für geschlossen zu halten. Das würde besser zu der Auffassung passen, daß im Schöpfungsakt eine begrenzte Menge von Materie erzeugt wurde. Ein offenes, ewiges Universum hätte außerdem zu allen Zeiten – auch am Anfang – über eine unendliche räumliche Ausdehnung verfügen müssen.

ben nennen. Schließlich gibt es die starken und die schwachen Kräfte, die Kräfte, die zwischen den Elementarteilchen wirken, den fundamentalen Knoten in der Raumzeit.

Das Gleichgewicht dieser Kräfte ist eine entscheidende Voraussetzung für die Entstehung bewußten Lebens, obwohl unser Universum deshalb genauso zweck- und ziellos ist wie die andersartigen, bewußtlosen Universen, von denen die Leere jenseits unserer Zeit und unseres Raums übersät sein mag.

Wenn die Atomkerne etwas schwächer oder etwas stärker gebunden wären, besäße das Universum keine chemischen Eigenschaften. Das Leben, scheinbar biologischer Natur, tatsächlich aber physikalischen Gesetzen in der Form der Chemie gehorchend, hätte sich nicht entwickeln können. Wenn die elektrische Kraft nur um ein weniges stärker wäre, wäre die Sonne schon erloschen, bevor die Evolution die Stufe der Organismen erreicht hätte. Wenn sie nur um ein weniges schwächer wäre, hätten die Sterne keine Planeten und jedes Leben wäre unmöglich gewesen.

Daß ein Universum wie das unsere mit genau der richtigen Mischung von Kräften ausgestattet ist, mag nach einem Wunder aussehen und deshalb den Schluß nahelegen, daß doch ein Eingriff von außen notwendig war. Doch nichts ist wirklich unerklärlich. Wir wissen noch nicht genug, um entscheiden zu können, welches die richtige Erklärung ist, wir können jedoch gewiß sein, daß die Entstehung des Universums einer solchen Intervention nicht bedurfte. Der Zufall kann durchaus zu dieser günstigen Konstellation der Kräfte geführt haben. Wäre sie weniger günstig gewesen, hätte es dem Universum nichts ausgemacht. Es hätte vielleicht keine Sterne und Planeten gegeben oder das Universum hätte nur einen Moment lang existiert oder es hätte eine ewig gleichförmige Dichte gehabt. Doch wären wir deshalb nicht klüger oder trauriger gewesen, denn wir wären gar nicht gewesen. Konnte aber der Zufall allein so günstige Bedingungen schaffen?

Gewiß konnte er – natürlich nicht auf Anhieb, aber im Laufe der Zeit, denn ein Universum, das immer neue Existenzzyklen durchläuft, kann jedesmal mit einer anderen Kräftekonfiguration beginnen. Der gegenwärtige Zyklus unseres Universums

Man hat untersucht, welche Rolle die Größe der universellen Konstanten spielt, vor allem auch für die Evolution eines Bewußtseins, das sich schließlich Gedanken über sie machen kann.[18,79] Auseinandergesetzt hat man sich auch mit der Möglichkeit, daß sie sich im Laufe der Zeit ändern könnten.[80,81] Carter[79] hat darauf hingewiesen, daß die Unterteilung der Hauptreihensterne in blaue Riesen und rote Zwerge an einer empfindlichen Beziehung zwischen elektromagnetischer Kraft und Gravitation hängt. Wäre die Schwerkraft nur geringfügig stärker (oder α, vgl. S. 22, nur geringfügig schwächer), würde die ganze Hauptreihe der Sterne aus blauen Riesen bestehen. Zur Planetenbildung scheinen rote Zwerge erforderlich zu sein; also wären keine Planeten entstanden – und vermutlich auch kein Bewußtsein. Carr und Rees[18] befassen sich eingehender mit dem Gegenstand und fragen nach der Größe der Planeten, der Berge, der Menschen und deren Verletzungen und nach der Verteilung der Elemente.

könnte der erste, ebensogut aber auch der zehnmillionste sein. Diese erneuerte Raumzeitstruktur weist zufällig ein Kräftegefüge auf, das die richtigen Voraussetzungen für die Entwicklung von Bewußtsein bietet. Der Zufall hat das Universum so gestaltet – oder umgestaltet –, daß es zu sich selbst erwachen konnte, wie es vielleicht schon zahllose Male zuvor geschehen ist und noch geschehen wird. Es mag frühere Universen ohne Bewußtsein gegeben haben und andere, die noch einfacher strukturiert gewesen sind. Glücklicherweise sind sie vergangen, so daß *wir* jetzt an der Reihe sind, wie vielleicht noch andere an der Reihe sein werden.

Das Universum könnte ein einziger Zufallstreffer sein – *ein* Schöpfungsakt, *ein* Aufziehen der Feder und *ein* einmaliges, unaufhaltsames Abspulen zu verwerfungsfreier Gleichförmigkeit und allgegenwärtiger Ebenheit. Vollkommene, endgültige Ebenheit, ohne Aktivität und ohne Hoffnung auf erneuerte Aktivität. Tote, flache Raumzeit.

Auch in einem solchen Universum verbirgt sich kein Zweck hinter der Gunst der Kräfte. Sie verdanken ihre Existenz dem Zufall – die Kräfte und ihre Stärken. Wir sind die Nutznießer; unser Bewußtsein gäbe es nicht, wenn die Dinge anders beschaffen wären, wir leben durch Zufall. Vielleicht verändern sich die Kräfte im Laufe der Zeit; vielleicht leben wir in einer Epoche des Universums, in der die Kräfte gerade günstig sind. In dieser geeigneten Epoche ist das Universum zu Bewußtsein erwacht. Das Bewußtsein ist nicht entstanden, weil es gebraucht wurde, sondern weil die Umstände zufällig günstig waren, und das Universum wird wieder in seinen langen Schlaf versinken, wenn die Epoche vorbei ist und eine neue Kräftekonstellation das Geschehen bestimmt. Wir – wir, das Universum – sind nur jetzt wach, und zwangsläufig fällt unser Wachen in eine Zeit günstiger Umstände.

Es ist möglich, daß die Erzeugung von Raumzeit aus absoluter Leere notwendigerweise zu der uns bekannten Kräftekonstellation führt, denn Kräfte sind Aspekte der Raumzeitstruktur. Das läßt noch immer nicht auf einen Zweck schließen. Wir können trotzdem die Kinder des ziellosen Zufalls bleiben. Die Kräfte, die universellen Naturkonstanten wie die Lichtgeschwindig-

Die Grundlagenwissenschaft dürfte fast am Ziel sein und könnte innerhalb der nächsten Generation abgeschlossen werden. Solche Auffassungen sind schon früher geäußert worden, aber damals verwechselten die Menschen das Kleine mit dem Einfachen. Nur wenn wir die Struktur so weit zerlegt haben, daß sie keiner weiteren Struktur mehr bedarf – wenn wir sie bis zu einem Punkt extremer Einfachheit zurückverfolgt haben, wie ihn etwa das Fehlen räumlicher Ausdehnung darstellt –, dürfen wir sicher sein, das Ziel erreicht zu haben. Erst wenn sich alles durch allereinfachste Begriffe erklären läßt, wenn alles seinen Platz findet, ohne daß wir seine Eigenschaften erklären müßten, wird die Grundlagenforschung in den Ruhestand gehen können.

Damit soll nicht gesagt sein, daß wir dann ganz auf Wissenschaft verzichten können. Es werden noch überaus schwierige und wichtige Fragen zu klären bleiben; zum Beispiel wird uns die Frage nach den Details der biologischen Prozesse noch mindestens ein paar hundert Jahre beschäftigen. Wir werden noch viele Zweige vom Baum der Erkenntnis erforschen müssen, aber über die grundlegende Beschaffenheit der Welt, über die Wurzeln des Baumes, werden wir schon bald, qualitativ und quantitativ, Gewißheit haben.

keit oder die Stärke der elektrischen Ladung, sind vielleicht nicht bedeutsamer als die Raumzeitstruktur beziehungsweise die Beschreibung, die wir von ihr liefern, und ihr Wert sollte uns nicht mehr Anlaß zum Staunen geben als der Wert von 1,609 344 Kilometern pro Meile oder der Wert von π. Gewiß ist dies die Erklärung, die wir brauchen, um uns dem nächsten Kapitel der Physik zuwenden zu können.

Wenn wir festgestellt haben, daß die universellen Konstanten gar nicht anders können, als die Werte anzunehmen, die sie haben, haben wir den Punkt erreicht, wo wir alles verstehen. Fast sind wir schon dort. Vollständige Erkenntnis liegt zum Greifen nahe. Sie breitet sich auf dem Antlitz der Erde aus wie das Licht der aufgehenden Sonne.

Bibliographie

1. Aufsatz «Evolution». *Scientific American* 239 (1978).
2. *R. Dawkins*: Das egoistische Gen. Springer, Berlin 1978.
3. *L. Stryer*: Biochemie. Vieweg, Braunschweig 1979.
4. *R. E. Dickerson*: Chemical evolution and the origin of life. *Scientific American* 239 (1978).
5. *S. Mitton (Hg.)*: The Cambridge encyclopaedia of astronomy. Jonathan Cape, 1977.
6. *F. Hoyle*: Astronomy and cosmology. W.H. Freeman, 1975.
7. *N. Calder*: Schlüssel zum Universum. Das Weltbild der modernen Physik. Hoffmann und Campe, Hamburg 1981.
8. *C. W. Misner; K. S. Thorne; J. A. Wheeler*: Gravitation. W.H. Freeman, 1973.
9. *M. Rowan-Robinson*: Cosmology. Oxford University Press, 1981 (2. Aufl.).
10. *P. J. E. Peebles*: Physical cosmology. Princeton University Press, 1971.
11. *S. L. Jaki*: Olbers', Halley's or whose paradox? *American Journal of Physics* 35 (1961).
12. *P. T. Landsberg; D. A. Evans*: Mathematical cosmology. Clarendon Press, 1977.
13. *A. V. Crewe*: A high resolution scanning electron microscope. *Scientific American* 224 (1971).
14. *P. W. Atkins*: Physical chemistry. Oxford University Press/W. H. Freeman, 1982 (2. Aufl.).
15. *P. W. Atkins*: Quanta. Handbook of concepts. Oxford University Press, 1974.
16. *E. Schrödinger*: Was ist Leben? Die lebende Zelle mit den Augen des Physikers betrachtet. Francke, Bern 1946 (Sammlung Dalp, Bd. 1).
17. *F. J. Dyson*: Time without end. Physics and biology in an open universe. *Reviews of Modern Physics* 51 (1979).
18. *B. J. Carr; M. J. Rees*: The anthropic principle and the structure of the physical world. *Nature* 278 (1979).
19. *J. C. Polkinghorne*: The particle play. W. H. Freeman, 1979.
20. *F. J. Dyson*: Energy in the universe. *Scientific American* 225 (1971).
21. *B. B. Mandelbrot*: Fractals: form, chance, and dimension (Les objets fractals). W. H. Freeman, 1977.
22. *I. Prigogine*: Vom Sein zum Werden. Zeit und Komplexität in den Naturwissenschaften. Piper, München 1979.

23. *P. C. W. Davies*: The physics of time asymmetry. Surrey University Press, 1974.
24. *P. W. Atkins; M. J. Clugston*: The principles of physical chemistry. Pitman, 1982.
25. *I. M. Klotz*: Energy changes in biochemical reactions. Academic Press, 1967.
26. *A. L. Lehninger*: Biochemie. Verlag Chemie, Weinheim 1979 (2., erw. Aufl.).
27. *P. C. Hanawalt; B. H. Haynes (Hg.)*: The chemical basis of life. Readings from Scientific American. W. H. Freeman, 1973.
28. Aufsatz «The brain». *Scientific American* 241 (1979).
29. *J. Z. Young*: Programs of the brain. Oxford University Press, 1978.
30. *C. F. Stevens*: The neuron. *Scientific American* 241 (1979).
31. *B. Katz*: Nerv, Muskel und Synapse. Einführung in die Elektrophysiologie. Thieme, Stuttgart 1974.
32. *S. Rose*: The conscious brain. Penguin Books and Vintage Books, 1976.
33. *M. Boden*: Artificial intelligence and natural man. Basic Books, 1977.
34. *E. R. Kandel*: Small systems of neurons. *Scientific American* 241 (1979).
35. *W. Yourgrau; S. Mandelstam*: Variation principles in dynamics and quantum theory. Pitman, 1968.
36. Aufsatz «Light». *Scientific American* 219 (1968).
37. *H. Goldstein*: Klassische Mechanik. Akademische Verlags-Gesellschaft, Frankfurt am Main 1963.
38. *R. P. Feynman; A. R. Hibbs*: Quantum mechanics and phase integrals. McGraw-Hill, 1965.
39. *R. P. Feynman* (unter Mitarbeit von *R. B. Leighton* und *M. Sands*): Vorlesungen über Physik, Bd. 3: Quantenmechanik. Oldenburg, München/Wien 1971.
40. *W. J. Kaufmann*: Black holes and warped spacetime. W. H. Freeman, 1979.
41. *W. L. Burke*: Spacetime, geometry, cosmology. University Science Books, 1980.
42. *J. C. Graves*: The conceptual foundations of contemporary relativity theory. MIT Press, 1971.
43. *G. J. Whitrow*: The natural philosophy of time. Clarendon Press, 1980 (2. Aufl.).
44. *E. F. Taylor; J. A. Wheeler*: Spacetime physics. W. H. Freeman, 1963.
45. *H. P. Robertson*: Postulate versus observation in the special theory of relativity. *Reviews of Modern Physics* 21 (1949).
46. *P. C. W. Davies*: The forces of nature. Cambridge University Press, 1979.
47. *D. Z. Freedman; P. van Nieuwenhuizen*: Super-gravity

and the unification of the laws of physics. *Scientific American* 238 (1978).

48. *D. R. Hofstadter*: Gödel, Bach, Escher. Klett-Cotta, Stuttgart 1984.
49. *S. E. Kim*: The impossible skew quadrilaterial. A four-dimensional optical illusion. In: *D. Brisson (Hg.)*: Proceedings of the American Association for the Advancement of Science Symposium on Hypergraphics: Visualizing complex relationship in art and science. Westview Press, 1978.
50. *M. Gardner*: Mathematical games. *Scientific American* 243 (1980).
51. *G. J. Whitrow*: Why physical space has three dimensions. British Journal of the Philosophy of Science 6 (1955).
52. *G. J. Whitrow*: The structure and evolution of the universe, Harper, 1959.
53. *T. L. Saty*: Operations analysis. In: *H. Margenau; G. M. Murphy (Hg.)*: The mathematics of physics and chemistry, Bd. 2, S. 249–320. Van Nostrand, 1964.
54. *P. M. Morse; H. Feshbach*: Methods of theoretical physics, Bd. 1 McGraw-Hill, 1953.
55. *P. Ehrenfest*: In what way does it become manifest in the fundamental laws of physics that space has three dimensions? *Proceedings of the Amsterdam Academy* 20 (1917).
56. *P. C. W. Davies*: Mehrfachwelten. Entdeckungen der Quantenphysik. Diederichs, Düsseldorf 1981.
57. *L. Neuwirth*: The theory of knots. *Scientific American* 240 (1979).
58. *R. Courant; H. Robbins*: Was ist Mathematik? Springer, Berlin/Göttingen/Heidelberg 1962.
59. *C. Rebbi*: Solitons. *Scientific American* 240 (1979).
60. *Z. Parsa*: Topological solitons in physics. *American Journal of Physics* 47 (1979).
61. *P. Collas*: General relativity in two- and three-dimensional space-times. *American Journal of Physics* 45 (1977).
62. *R. Penney*: On the dimensionality of the real world, *Journal of Mathematical Physics* 6 (1965).
63. *J. Dorling*: The dimensionality of time. *American Journal of Physics* 38 (1970).
64. *C. M. Patton; J. A. Wheeler*: Is physics legislated by cosmogony? In: *C. J. Isham; R. Penrose; D. W. Sciama (Hg.)*: Quantum gravity. Clarendon Press, 1975, S. 538–605.
65. *K. G. Wilson*: Problems in physics with many scales of length. *Scientific American* 241 (1979).
66. *H. Weyl*: Symmetry. Prince-

ton University Press, 1952.
67. *J. Rosen*: Symmetry discovered. Cambridge University Press, 1975.
68. *E. H. Lockwood; R. H. Macmillan*: Geometric symmetry. Cambridge University Press, 1978.
69. *R. L. E. Schwarzenberger*: N-dimensional cristallography. Pitman, 1980.
70. *F. Wilczek*: The cosmic asymmetry between matter and antimatter. *Scientific American* 243 (1980).
71. *J. Silk*: The big bang. W. H. Freeman, 1980.
72. *S. Weinberg*: Die ersten drei Minuten. Der Ursprung des Universums. Piper, München/Zürich 1983 (5. Aufl.).
73. *M. Gardner*: Can time go backward? *Scientific American* 216 (1967).
74. *J. R. Lucas*: A treatise on time and space, Methuen, 1973, S. 44.
75. *R. Penrose*: Angular momentum. An approach to combinatorial spacetime. In: *T. Bastian (Hg.)*: Quantum theory and beyond. Cambridge University Press, 1971, S. 151–180.
76. *K. A. Johnson*: The bag model of quark confinement. Scientific American 241 (1979).
77. Vgl. *Scientific American* 244 (1981), S. 64–68.
78. *H. E. Huntley*: The divine proportion. Dover, 1970.
79. *B. Carter*: Confrontation of cosmological theories with observational data (hg. v. *M. S. Longair*). Reidel, 1974.
80. *F. J. Dyson*: The fundamental constants and their time variation. In: *A. Salam; E. P. Wigner (Hg.)*: Aspects of quantum theory. Cambridge University Press, 1972, S. 213–236.
81. *P. S. Wesson*: Cosmology and geophysics. Hilger, 1978.

Sachregister